변화의 땅,
낙동강 삼각주

허정백 저

시작하는 글

'가까운 곳에 배울 것이 많습니다'

종종 글에 대한 이야기를 할 때 하는 말이다. '부산의 재발견'이라는 부산의 중학교 지역 교과서 편찬에 참여하면서 시작된 글쓰기가 『교실에서 못다 한 부산 이야기』(2019, 호밀밭), 『부산의 마이너리티 힘』(2022, 전망)으로 이어졌다. 한두 번 하면 그칠 것 같았던 부산 이야기가 이어지고 또 이어진다. 우리가 살아가는 가까운 곳에서 수없이 많은 이야기가 풀려나오는 것을 보고 적잖이 놀란다. 늘 가까이 있으니 대부분 시답잖게 생각하고 관심을 두지 않았으나 소중한 이야기의 자산으로 엮어지는 것을 보고 감동하기도 한다. 간혹 같이하는 연수나 부산 여행에 참여한 분은 보석 같은 지역 이야기에 감탄을 표출하기도 한다.

정말 가까운 곳에 무궁무진한 이야기가 담겨 있다. 알면 알수록 감동 또한 깊어진다. 우리가 살아가는 이곳이 수천 년 동안 누군가 살아 온 곳이기 때문이다. 많은 사람들의 삶이 얽히고 얽힌 수많은 이야기가 녹아 있다. 그 삶의 흔적 더미 위에 살아가는 우리의 삶은 누군가의 흔적을 이어가는 과정이기도 하다.

가까운 곳은 나와 가장 친근한 이야기를 담고 있다. 나와 관련성이 큰 이야기다. 이는 자신을 알아가는 자기 정체성, 자기 자존감과 관련된 이야기일 수 있다. 혹시라도 자신이 가진 근원적인 질문에 답해줄

가능성이 높다. 해외여행을 통해 견문을 넓히는 노력만큼이나, 가까운 곳을 알기 위해서도 힘쓰고 노력해야 한다. 가까운 곳이라고 단순하고 하찮게 여겨선 안 된다. 가깝다고 좁은 곳이 아니며, 좁다고 부족한 곳이 아니다. 더 깊이 안고 품고 가야 할 이야기가 남아있는 곳이다.

'낙동강 삼각주'는 낙동강의 운반, 퇴적 작용으로 형성된 땅이다. 중고등학교 교과서에도 등장하는 주요 지형이다. 이것이 부산 강서구에 있다는 사실은 부산 사람들에게조차 생소하다. 전문적인 연구와 달리 일반인이 접할 수 있는 글이 거의 없기 때문이기도 하지만 이 또한 가까운 곳에 무관심하기 때문일 것이다.

보다 쉽게 낙동강 삼각주에 대한 지리 이야기를 접할 수 있도록 엮어 보았다. 삼각주를 구석구석 답사하고 얻은 것을 일차적 자료로 삼았다. 답사 중에 삼각주의 다양한 모습을 볼 수 있었다. 어떤 곳은 삼각주가 시작된 모습을, 어떤 곳은 삼각주와 어울린 자연스런 삶의 터전을, 또 어떤 곳은 산업화 도시화 속에 변형된 모습을, 그러면서도 곳곳에서 삼각주의 특성을 유지하는 비결을 보여주고 있었다. 이를 잘 풀어 설명해 나가는 데 중점을 두었다. 이야기의 사실성을 뒷받침하기 위해 전문적 연구자료도 참조하였다. 가능한 이론적인 내용은 이해를 돕는 데 최소한으로 활용하였다. 독자들이 직접 가서 보는 것처럼 여행하는 형식을 빌어 설명하였다. 우리들 가까이에 있는 삼각주 이야기를 좀 더 쉽게 끌어안기 위해서다.

삼각주는 자연환경적으로 중요한 가치를 지닌다. 강과 바다가 어울려 빚어간 자연의 작품이다. 지금도 진행 중이다. 자연의 작품이 인간의 삶터로 바뀌어 간다. 인공이 가미된다. 소위 개발이라는 이름 하에 자연이 파괴되기도 한다. 환경과 개발이라는 모순적인 주제로 거론된다. 자연 그대로가 좋다고 이야기하면서 인간은 자연을 그대로 내버려 두지 않는다. 자연과 잘 어울리는 인간의 삶터를 생각하지만 쉽지 않다. 자연을 올바르게 이용하는 것 또한 영원한 숙제다. 삼각주를 이야기하면서 이런 생각들을 되짚어 보았다. 이 또한 가까이 있는 삼각주 터전에 대한 애정 때문이다.

책에서 이야기한 것이 단순 지식으로 그치지 않고 살아있는 삶의 지혜로 이어지길 바란다. 그럴려면 관련된 현장을 직접 보고 이해하는 경험이 필요하다. 분명 깨달음과 감동이 남다를 것이다. 삶을 더 유익하게 하고 살갑게 할 것이다.

낙동강 삼각주를 직접 답사하듯 읽어 나가길 권한다. 책을 들고 직접 현장에 나설 수 있길 기대한다.

2024년 8월
허정백

차례

003 **시작하는 글**_'가까운 곳에 배울 것이 많습니다'

1장_낙동강 삼각주를 내려다보다
014 돗대산에서 삼각주를 내려다보다
020 위성지도로 삼각주를 보다
022 청구도에서 본 삼각주
024 1918년 지도의 삼각주

2장_서낙동강을 따라
032 강물이 갈라지는 곳, 대저수문
036 대저수문을 왜 만들었을까?
041 모래톱의 시작, 예안리 고분군
050 삼각주의 첫머리 땅
055 죽도산에서 서낙동강을 내려다 보다
059 보석 같은 둔치도 둘레길
068 녹산수문은 하굿둑이다
072 녹산수문이라는 글판
075 성산포구에서
077 삼각주 물관리 센터, 녹산배수펌프장

3장_삼각주 변화의 현장, 명지

- 088   노적봉공원에서 이순신을 만나다
- 096   명지 땅 옛 이야기
- 102   2021년에 본 마지막 명지 파밭
- 105   해척마을과 수로의 흔적
- 110   모래톱 마을의 흔적, 평성마을
- 115   새로운 시가지, 신전리
- 121   하신배수펌프장과 하신수문을 보며
- 124   명지 땅 끝에서 모래톱을 바라보다
- 129   명지 변화의 중심을 누비며
- 137   에코델타시티 전망대에서

4장_작은 삼각주, 을숙도

- 150   1980년대의 낙동강 하구와 을숙도
- 155   하굿둑 전망대에서
- 160   하굿둑 건설 기념물을 감상하다
- 164   자전거 대여소를 출발하여 을숙도 한 바퀴
- 166   메모리얼 파크에서 무엇을 기억하시나요?
- 171   탐방체험장 옥상전망대에서
- 173   자연 수난의 현장, 분뇨해양처리 저류시설 정원
- 183   '침출수 이송관로 매설지역' 팻말 앞에서
- 185   철새도래지의 탐조전망대

191	을숙도 자연습지와 쓰레기 매립장 생태복원지
196	작지만 색다른 어도관람실
200	제2하굿둑 앞에서
202	자전거를 반납하는 길에

5장_낙동강 본류를 돌아 아미산전망대로

208	또 하나의 삼각주, 맥도
212	도시 속 시골학교, 배영초등학교
216	칠점산을 찾아서
222	대저생태공원을 걷다
229	강변대로를 달리다
233	맹금머리 전망데크에서
239	아미산전망대에서 모래톱을 감상하다
245	모래톱은 언제 만들어졌을까?
249	모래톱은 어떻게 변해갈까?
252	모래톱에 거는 바램

1장_낙동강 삼각주를 내려다보다

강물이 실어온 모래와 흙으로 만들어진 땅, 삼각주.
 모양이 삼각형이라서 붙여진 이름이다. 처음에는 모래톱에서 시작하지만 오랜 세월을 거쳐 섬으로 변하더니 점차 살만한 땅으로 나아간다.
 낙동강이 만든 삼각주가 부산 강서구에 있다. 우리나라에서 제일 큰 삼각주다. 크기는 얼마일까? 모습은 어떻게 생겼을까?
 낙동강 삼각주를 구체적으로 알아 가 보자. 정확한 이해를 위해선 지도를 먼저 보는 것이 좋겠다. 위성지도는 매우 중요하고 좋은 자료다. 필요하다면 고지도에 표현된 삼각주 모습을 살펴보는 것도 좋겠다. 그 전에 돗대산에 올라 삼각주를 직접 내려다보자. 삼각주 들판이 펼쳐진 장관을 생생하게 확인하는 것부터 시작하자.

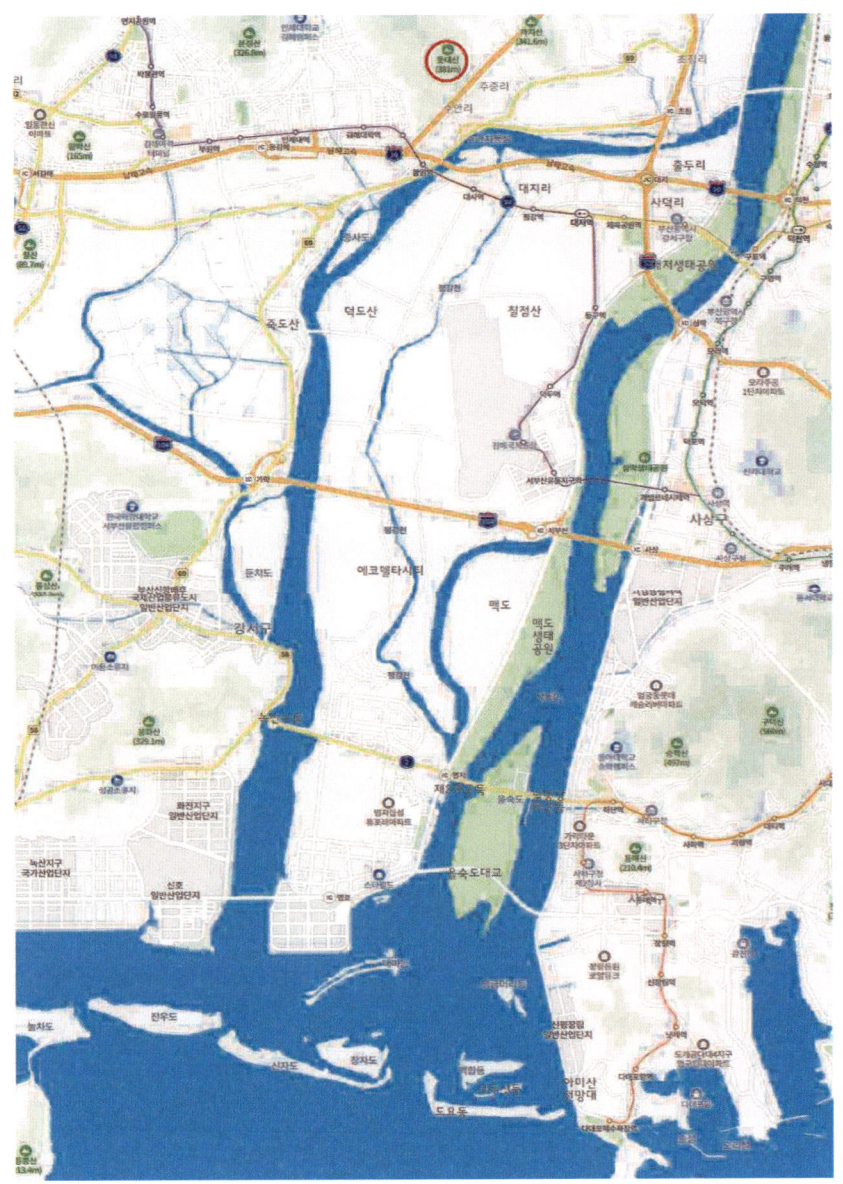

낙동강 삼각주와 돗대산의 위치

돛대산에서 본 낙동강 삼각주(부산강서문화원 제공, 2014)

돗대산[1]에서 삼각주를 내려다보다

무슨 이런 곳이 다 있단 말인가! 꼭대기가 별로 높지도 않은데 탁 트인 전망에 '우와!'하는 탄성이 저절로 터져 나온다. 거대한 낙동강의 흐름이 또렷이 보이고 강과 어울린 들판이 쫙악 펼쳐진다. 눈앞 가까이 강줄기부터 저 멀리 바다에 이르기까지 막힘이 없다. 넓디넓은 들판이 한눈에 들어온다. 눈이 번쩍 뜨이도록 시원한 전망이다. 산이 많은 우리나라지만 이 정도 높이에서 이렇게 넓은 들판을 단번에 내려다볼 수 있는 곳은 많지 않을 것이다. 산에서 들판을 내려다보는 맛으로는 가히 일등이라고나 할까? 나뭇가지 하나도 앞을 가리는 것이 없다. 드넓게 펼쳐진 들판이 너무도 가깝게 느껴진다. 양팔을 벌리고 보니 한 아름에 품을 수 있을 것 같다. 어쩌면 하늘에서 땅을 내려다보는 기분이 이런 것일 것이다. 세상을 다 가진 느낌이랄까? 편안히 서서 하염없이 내려다본다. 한마디로 산에서 들판을 내려다보는 조망터로선 최고다 싶다.

북쪽의 신어산에서 흘러 내려온 능선이 돗대산으로 이어지고 있다. 능선을 배라고 생각하면 산이 배에 달린 돛과 같이 솟아올랐다고 해서 돗대산이라고 이름 붙였을 것이다.[2] 주위에 비해 신비하게 톡 솟아 있어 아주 멀리까지 조망이 가능하다. 들판뿐 아니라 김해와 부산의 웬만

---

1) 돗대산은 행정구역 상으로 김해시 대동면과 김해시 안동에 걸쳐 있다. 꼭대기에 오르려면 김해 안동체육공원 주차장에 주차를 하고 오르는 길이 가장 가깝다. 높이는 381m이다.
2) 돗대산은 배에 달린 돛에서 따온 이름이므로 돗대산이 정확한 이름일 것 같으나, 쉽게 돗대산으로 불리운다.

한 곳이 눈에 다 들어온다.

서쪽으로는 가까이 분성산을 비롯해 김해 시가지가 보이고, 멀리 장유와 불모산 줄기가 선명하게 와닿는다. 동쪽으로는 가까이 까치산 능선이 있고 멀리 금정산의 줄기가 보인다. 고당봉, 상학봉, 백양산, 엄광산, 구덕산, 승학산까지 가물가물 보이는데, 이는 북쪽에서 내려온 백두대간이 남쪽으로 흘러 점점 사라지는 느낌이다.

남쪽으로 펼쳐진 들판, 이것이 낙동강 삼각주다. 삼각주란 강과 바다가 합쳐지는 강어귀에 강물이 운반하여 온 흙과 모래 같은 물질이 쌓여서 이루어진 땅을 말한다. 강원도에서 시작하여 영남 전체를 적시고 흘러와 부산에 다다르는 낙동강은 오랜 시간에 걸쳐 조금씩 조금씩 삼각주를 만들어 놓았다. 그것이 이 들판이다. 드넓은 들판이 그냥 있었던 것이 아니다. 자연의 위대한 힘이 만들어 놓은 것이다. 삼각주로선 우리나라에서 가장 크다.

돗대산은 뭐니 뭐니 해도 낙동강 삼각주를 보는 조망이 최고다. 북에서 남으로 펼쳐진 삼각주, 그 북쪽 끝의 좀 높은 지점에서 바로 내려다보는 것이다. 꼭 지도를 펼쳐놓고 보는 듯 삼각주를 바로 앞에 두고 있다. 어떻게 생각하니 삼각주 조망을 위해 조물주가 일부러 돗대산을 만든 것 같다. 이토록 가까운 곳에서 삼각주를 완벽하게 조망할 수 있다는 사실이 참으로 절묘하다. 정말 매력적인 곳에 서 있다.

돗대산 봉우리 끝에 서서 이리저리 살펴보느라 정신이 없다. 작은 몸뚱어리 앞에 펼쳐진 드넓은 대지의 모습, 평소에 품을 수 없는 광경에 주눅이 들었다고나 할까? 놀란 마음이 진정이 잘 안된다. 크게 심호흡

돗대산에서 본 서쪽-김해

돗대산에서 본 동쪽-부산

을 여러 번 하고, 마음을 가다듬은 후에야 삼각주의 속을 주목하게 된다. 삼각주를 둘러싸고 있는 낙동강 줄기와 삼각주 들판을 자세히 들여다본다.

낙동강이 두 갈래로 갈라져 흐르는 모습

동쪽을 보니 북에서 흘러온 낙동강 물이 두 갈래로 갈라져 멀리 남쪽 바다를 향해 흐르고 있다. 하나는 남쪽으로 곧장 흐르고, 또 하나는 서쪽으로 굽이쳤다가 다시 남쪽으로 흐른다. 두 갈래의 강 사이에 삼각주 들판이 있다. 강에 의해 둘러싸인 삼각주 모습이 또렷이 들어온다. 강물은 들판을 휘감고 땅을 적시는 젖줄이 된다는 이야기가 바로 이곳을 두고 한 말인 것 같다. 굽이쳐 흐른 강물은 멀리 남쪽 바다로 들어가고 있다. 삼각주 들판 또한 남쪽으로 이어져서 바다를 향해 나아간다. 멀고 먼 곳에 아스라이 바다가 펼쳐져 있다. 가까운 들판에는 농경지가 많이 보이고 비닐하우스가 빼곡히 들어차 있다. 주거지와 도로가 선명하고 공장 같은 건물도 많이 보인다. 하나하나 세밀히 짚어가며 바라보자니 어느샌가 저 들판 속으로 빨려 들어가는 느낌이다.

그러니까 저곳은 대저수문이고, 저만치 보이는 것은 녹산수문이다. 저 길은 도시철도 3호선과 경전철이고 더 가까이 있는 것이 남해고속도로다. 가운데 또렷이 보이는 사각형 터는 김해공항이고, 숲이 있는 저 산은 덕도산과 죽도산이다. 멀리 바다 가까이에 하굿둑과 을숙도가 있다. 가물가물하며 보이는 아파트단지는 명지국제신도시다. 그 부근 햇빛에 반사되는 바닷물에 보일 듯 말 듯 떠 있는 것은 모래톱이다.

아는 지역이 확인될 때마다 손을 뻗으면 닿을 듯하다. 손가락으로 콕콕 집어낼 수 있을 것 같다. 지도를 펼쳐놓고 보는 것 같이 지형지물이 새록새록 머리에 들어온다. 위성지도를 볼 때마다 세상을 실감 나게 구경하는데, 이번에는 세상에서 가장 큰 실제 지도를 놓고 더 실감 나게 구경하고 있다.

순간, 이곳에서 뛰어내리고 싶다는 충동이 인다. 폴짝 뛰면 삼각주 저만치에 들어갈 수 있을 것 같다. 어쩌면 새가 되어 저 들판 속을 휘저으며 날아다닐 수 있을 것 같다. 드론이라도 띄워 봐야 할까? 저 들판, 낙동강 삼각주 속으로 들어가 보고 싶은 강한 충동을 누를 길이 없다. 삼각주를 향한 마음이 심하게 요동친다. 직접 가서 저 삼각주 속을 확인해 봐야겠다. 새가 되어 날아가 보는 것보다 드론을 띄워 보는 것보다 가서 확인하는 것이 최고일 게다. 더할 수 없는 좋은 체험이 될 것 같다.

가기 전에 현재의 삼각주 모습이 어떤지를 미리 알아봐야겠다. 지도를 통해 삼각주와 관련한 더 많은 지형과 지명들을 익혀야겠다. 필요하다면 또 다른 자료를 통해 삼각주 지역 삶의 모습도 알아볼 필요가 있겠다. 삼각주를 직접 발로 밟고 확인하면서 이 넓은 들판 구석구석의 모습을 마음에 담아 가고 싶다. 어떤 상황이 펼쳐질까? 어떤 의미로 다가올까? 기대를 넘어 설레는 마음이 벌써 가득하다.

위성지도로 삼각주를 보다

위성지도(21쪽)는 낙동강 하구, 삼각주 부근의 모습이다. 강물의 흐름이 또렷이 나타난다. 북쪽에서 한 줄기로 흘러 내려오던 낙동강 강물은 남쪽으로 내려가면서 갈라지고 있다. 남쪽으로 갈라져 흐른 물은 갈라지고 또 갈라지다가 바다를 만나는 지점에 와선 이리저리 흩어진다. 갈라져 흐르는 강 사이로 삼각주가 선명하게 나타난다. 길쭉한 고구마 같은 모양이다.

여기에 한 가지 이상한 점이 있다. '강이 갈라지는 현상'이다. 일반적으로 강물은 상류에서 하류로 흐르다가 모이고 모여서 점점 하나로 흐르는데 여기는 거꾸로 갈라져 흐른다. 왜 그럴까?

답은 간단하다. 강물의 흐름에 경사가 없으니 물이 모여들지 않고

낙동강 삼각주-갈라진 강에 둘러싸인 땅(네이버 지도)

갈라지고 흩어진다. 물의 흐름이 없는 곳은 호수와 같이 갇힌 물이거나 아니면 바다다. 이곳은 바다와 가까운 곳이니 바다와 관련이 있겠다. 이곳이 한 때는 바다였다는 말이다. 정말 그럴까?

삼각주 전체가 바다였다는 것은 지도를 놓고 아무리 쳐다봐도 쉽게 받아들여지질 않는다. 거대한 삼각주는 여느 육지와 다를 바 없어 보인다. 돗대산에서 내려다볼 때도 마찬가지였다. 들판이 삼각주라는 사실을 알면서도 옛날에 바다였다는 사실을 받아들이기 어려웠다. 들판은 넓고 넓었으며 바다는 아스라이 멀고 먼 곳에 있었다. 오히려 갈라져 흐르는 강이 이상하게 느껴질 따름이었다.

이곳이 바다였다는 사실을 좀 더 쉽게 알 수 있는 방법은 없을까? 뭘 이야기하면 단번에 느낄 수 있을까? 옛날의 지도는 어떠할까? 고지도를 살펴보자. 거기에는 어떻게 표현하고 있을까?

청구도에서 본 삼각주

지도(23쪽)는 대동여지도[3]로 유명한 김정호가 그린 청구도[4]의 낙동강 하구 부분이다.

청구도에서 낙동강 하구는 위성지도와 매우 다르다. 북에서 남으로 흘러 내려온 강물은 삼차강이라고 표현된 부분에서 바다를 만나는 느낌이다. 삼차강[5]은 낙동강의 또 다른 이름이다. 그 남쪽으로 나타나는 것은 점점이 떠 있는 섬으로 보인다. 칠점산이 있는 대저도가 길게 놓여 있고, 다음으로 여러 섬(녹, 취, 명지)이 둥그스름하게 놓여 있다. 영락없이 바닷물이 육지 안쪽으로 깊숙이 들어온 만[6]의 모습이다. 낙동강

---

3) 대동여지도는 목판본이다. 김정호가 1861년에 편찬·간행하고, 1864년에 재간행하였다. 전국을 남북 22층, 동서 19첩으로 만든 분첩절첩식 지도책이다. 규장각 한국학연구원(http://e-kyujanggak.snu.ac.kr)에서 원문자료〉고지도를 통해 열람할 수 있다.

4) 청구도는 채색 필사본이다. 1834년에 김정호가 만든 우리나라 전도로 전국을 남북 29층, 동서 22첩으로 구획하여 만든 책자식 지도책이다. 규장각 한국학연구원(http://e-kyujanggak.snu.ac.kr)에서 원문자료〉고지도를 통해 열람할 수 있다.

5) 삼차강은 낙동강 하구에 붙여진 낙동강의 또 다른 이름이다. 낙동강이 이곳에서 3갈래로 나뉘어 있어 삼차강(三叉江)이라고 했다.

6) 만(灣)이란 바다가 육지 쪽으로 들어와 있는 형태의 지형을 말하며, 바다 쪽으로

청구도의 낙동강 하구 부근(규장각 한국학연구원)

하구, 낙동강이 갈라지는 곳이 옛날엔 바다였음을 분명히 보여준다.

그러므로 위성지도에서 보았을 때, 강이 갈라져 흐르는 곳부터 강과 강 사이의 땅 삼각주는 물론 그 주변의 들판 모두가 바다였다는 것이다. 돗대산에서 내려다본 들판 전부가 바다였다. 여전히 상상이 잘 안 되지만 돗대산에서 본 들판, 평지가 있던 곳을 바닷물로 채우고 그곳에 점점이 섬이 떠 있는 모습을 상상해야 한다. 아스라이 멀리 보이던 바닷물이 돗대산 바로 앞까지 들어차 있는 것도 상상해야 한다. 하지만 그것은 그냥 상상이 아니라 지난날 이곳에 있었던 사실이다.

이 정도 정리를 하고 나니 이런 질문이 떠오른다. 청구도에서 몇 개

육지가 돌출한 곳(串)과 반대되는 개념이다.

의 섬이 있던 바다가 어떻게 해서 지금은 위성지도와 같이 거대한 육지로 변한 것일까? 정말 바다였던 곳이 육지로 변해가는 것이 맞다면 바다가 삼각주로 채워지는 과정, 육지로 변해가는 과정을 보여주는 지도는 없을까?

1918년 지도의 삼각주

또 하나의 지도(25쪽)를 본다. '1918년 임시토지조사국편집제판'이라는 제목의 '마산' 지도[7]이다. 이 지도는 근대적 측량 방법에 의해 제작된 지도이기에 제작 당시의 지리정보가 매우 자세하고 정확하다. 수문이나 제방 같은 인공의 시설이 더해지기 전에 제작되었기 때문에 자연 상태의 삼각주를 잘 볼 수 있다.

지도를 보면 낙동강은 물줄기가 흘러 내려오면서 자연스럽게 갈라지고 있고 그 사이사이에 땅이 형성되어 있다. 청구도에 여기저기 몇 개의 섬으로 나타났던 것과 다르다. 바다였던 낙동강 하구 전체가 땅으로 꽉 메워져 있다. 섬이 진짜로 점점 커진 것이다. 청구도에 몇 개의 섬으로 표현되었던 것이 시간이 지나면서 거대한 땅, 육지가 되었다는 말이 맞다. 신기하다. 이것이 정말 가능한가 싶겠지만 사실임을 보여준다.

---

[7] 국토지리정보원 국토정보플랫폼(http://map.ngii.go.kr)에서 통합지도자료 검색을 통해 지도를 열람할 수 있다.

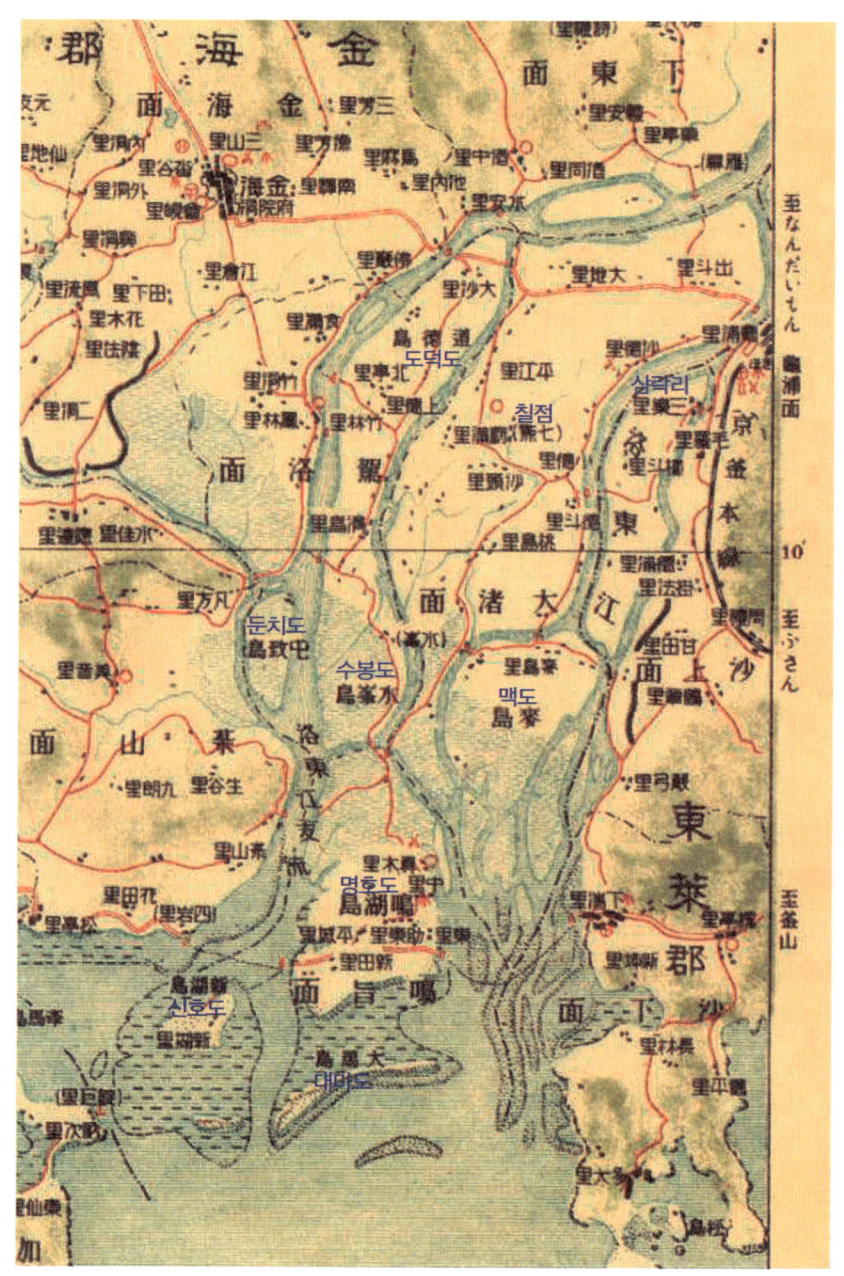

1918년 무렵 낙동강 하구 모습(국토지리정보원 국토정보플랫폼)

강 하구, 곧 바다에 강에서 씻겨 내려온 모래나 진흙과 같은 물질들이 쌓이기 시작했고 바다였던 곳에 모래톱으로 된 섬이 생겨나고 이 섬이 점점 커져 거대한 육지로 변해갔다. 낙동강 삼각주는 그런 식으로 만들어진 것이다.

지도를 좀 더 자세히 살펴본다. 강물은 북에서 남으로 흘러 내려와 갈라져 흐르면서 사이사이에 삼각주(대저도[8], 도덕도[9], 소요도[10])를 만들어 놓고 있다. 길쭉하게 생긴 삼각주의 모양이 강물의 흐름 방향과 평행을 이루고 있다. 눈짐작으로도 이 땅이 강물의 흐름에 의해 형성되었다는 것을 알 수 있다. 형성된 삼각주를 따라 남쪽으로 내려가면 옅은 파랑색 물결 모양이 표시된 땅(둔치도, 수봉도, 맥도)도 있다. 습지 상태를 나타낸 것인데 당시는 완전한 땅으로 이뤄지지는 못한 모양이다. 삼각주가 점점 더 만들어지고 있는 과정이었음을 의미한다.

더 남쪽으로 내려가면 명호도라는 섬이 있다. 여기는 이미 삼각주가 만들어져 있고 마을도 형성되어 있다. 명호도가 주위의 다른 삼각주보다 일찍 만들어졌음을 의미한다. 더 남쪽으로는 넓은 갯벌이 형성되어 있다. 갯벌 가운데는 모래톱 섬(신호도, 대마도[11])이 생겨난 것도 볼 수 있다. 이곳에서 강물은 흩어져서 바다로 들어가고 있다.

전체적으로 삼각주가 자연 상태에서 발달하고 있는 모습을 잘 표현

---

[8] 1918년 지도에서 칠점(七點)이라는 지명이 있는 곳. 가장 큰 삼각주가 대저도(大渚島)이다.
[9] 지금은 덕도라고 부른다.
[10] 1918년 지도에서 삼락리(三樂里)라고 표현된 섬이 소요도(所要島)이다.
[11] 여기의 대마도(大馬島)는 일본의 대마도(對馬島)와 한자가 다르다. 지금은 대마등이라 부른다.

해 놓고 있다. 위성지도에서 본 모습과는 사뭇 다르다. '저 때는 저렇게 되어 있다가 지금의 위성지도 모습으로 변하였구나!' 하는 생각을 할 수 있게 한다. 낙동강 삼각주의 지형 발달 과정이 한눈에 그려지는 듯하다.

지금의 위성지도(21쪽)를 다시 본다. 거대한 삼각주가 자리 잡고 있는 모습이 한눈에 들어온다. 그런데 앞의 지도(25쪽)를 보았기 때문일까? 위성지도에 나타난 삼각주는 왠지 좀 어색하다. 강물의 흐름에 따라 발달하는 삼각주의 모습이라기보다 거대한 땅덩어리가 들어앉은 모습이다. 뭔가 고정화된 모습이다. 그만큼 삼각주가 발달했기 때문일지도 모른다. 그런데 자세히 보니 강물이 처음 갈라지는 부분에서 한쪽이 막혀있다. 다음으로 갈라지는 부분에서도 역시 한쪽이 막혀있다. 그 다음도 마찬가지다. 강물이 흐르지 못하도록 해 둔 것이다. 전체적으로 강물의 흐름이 느껴지지 않는다. 일부 샛강의 물줄기는 너무 좁아 갇힌 물 같다.

이것은 자연 상태의 삼각주에 인공의 힘이 더해진 것을 의미한다. 삼각주를 인간이 더 살만한 땅으로 만들기 위해 둑을 쌓고, 물길을 막고, 때로는 물길을 달리한 것이다. 살아가는 터전을 보다 안정적으로 만들기 위해 인공의 시설물을 더함으로써 자연성이 사라지게 된 모습이다. 그러니 삼각주를 볼 때 자연 상태로 이뤄진 모습을 기대해선 안 된다. 일부 자연 상태의 모습이 남아있기도 하지만 인공의 시설물도 있고 이로 인해 변형되고 육지화 된 모습도 이해해야 한다. 삼각주에 더한 인공의 시설물이 어떠한지를 바라봐야 한다. 이것이 지금의 낙동강 삼각주이다.

이제 직접 가서 보자. 어떤 모습을 볼 수 있을까? 모래톱 섬의 흔적은 얼마나 남아있을까? 마을이 있고, 도로가 있고, 사람들이 살고 있는데, 모래판 같았던 이 땅을 사람들은 어떻게 활용해 왔을까? 지금은 또 어떻게 활용하고 있을까? 산지가 없는 평평한 땅이니 농사짓기 좋을 것이다. 하지만 부산이란 대도시에 속해 있어서 마냥 농사짓는 땅으로 남겨놓지 않을 것 같다. 부산의 도시화, 산업화는 어떤 모습으로 영향을 미치고 있을까? 그 속에 수문, 제방, 하굿둑 등 인공의 구조물은 어떻게 남아있을까?

무엇보다도 궁금한 것은 남쪽으로 발달해 간 삼각주의 모습이다. 지금도 만들어지고 있을까? 위성지도에서 삼각주 남쪽으로 발달한 모래톱의 모습을 어렴풋이는 확인할 수 있는데 구체적으로 어떤 모습을 하고 있을까? 이것을 한눈에 볼 순 없을까? 어디를 어떻게 가면 될까?

여러 의문과 재미있는 생각들을 하면서 삼각주를 돌아볼 채비를 한다. 의문에 대한 답만 찾아다녀도 다른 어떤 여행보다 의미 있는 시간이 되겠다.

2장_ 서낙동강을 따라

서낙동강은 북에서 내려온 낙동강 물이 갈라져 삼각주의 서쪽으로 흐르는 강이다. 일찍이 대저수문과 녹산수문을 만들어 강물의 흐름을 인공적으로 조절하고 있다. 강물은 일부만 받아들이고 바다에서 오는 물은 막아 삼각주 들판을 적실 물을 공급한다. 삼각주를 육지처럼 활용할 수 있는 환경을 제공하는 것이다.

서낙동강 언저리엔 처음 모래톱이 시작되었을 때의 비밀이 숨어있다. 기름지고 풍요로운 삼각주 평야 모습이 또렷이 남아있다. 그러면서 개발의 힘에 의한 변화도 일어나고 있다.

삼각주의 지금 모습을 본다는 심정으로 서낙동강을 따라가 보자. 삼각주는 어떻게 이용되고 있을까? 어떻게 변하고 있을까?

①대저수문→(4.2㎞ 차량 7분)→②예안리 고분군→(5.5㎞ 차량 10분)→③첫머리 땅→(5.0㎞ 차량 10분)→④죽도산→(9.5㎞ 차량 12분)→⑤둔치도→둔치도 둘레길 한 바퀴(6.3㎞ 느린 차량 15분, 도보 1시간 30분)→(2.5㎞ 차량 5분)→⑥녹산수문→(200m 도보 3분)→⑦녹산배수펌프장

강물이 갈라지는 곳, 대저수문

삼각주의 시작은 강물이 처음으로 갈라지는 지점이다. 낙동강이 흘러 내려오다가 갈라지는 곳에 대저수문[1]이 있다. 이곳에서 삼각주 답사를 시작한다.

차를 몰고 공항로를 따라 북쪽으로 간다. 동쪽으로 낙동강 둑이 있고 길은 탁 트여 있어 운전하기 어렵지 않다. 공항로 북쪽 끝에 이르니 도로를 사이에 두고 전망대처럼 보이는 건물 2개가 마주 보고 있다. 대저수문이다. 천천히 길옆을 따라 차를 움직이다가 둑 위로 올라가는 길이 있어 올라가니 주차할 공간이 마련되어 있다.

대저수문에서 본 낙동강

---

[1] 대저수문은 부산시 강서구 대저1동과 경남 김해시 대동면을 잇는 곳에 있기 때문에 대동수문이라고도 한다.

차에서 내려서는 순간, 낙동강 둑과 강물이 눈에 확 들어온다. 거대한 푸른색 강물, 강둑을 따라 끝없이 이어져 있는 초록의 능선, 가슴이 탁 트인다. 눈앞에 펼쳐진 낙동강이 경이롭게 보인다. 강이 이토록 크게 느껴질 수가 없다. 강은 한가득 물을 머금고 있다. 작은 바람에도 출렁이는 물결은 마음마저 울렁이게 한다. 삼각주 답사의 첫 장소에서 어떤 기대감으로 내 마음도 마구 일렁인다.

강의 북쪽으로는 산성터널로 들어가는 다리가 놓여 있고, 강 건너편의 금정산은 병풍처럼 서 있다. 금정산 자락 아래로는 금곡, 화명동에 이르는 대규모 아파트 단지들이 쫘악 펼쳐져 있다. 산을 배경으로, 산을 끼고 발달한 부산 시가지의 한 모습이다. 이런 경치를 가슴에 품듯 숨을 크게 들이킨다. 부산에서 이만한 전망을 갖는 곳도 드물 것이다.

눈을 돌려 첫 목적지인 대저수문을 바라본다. 전망대 건물에는 '대저수문'이라는 글자가 쓰여 있다. 수문 위로 낙동강둑에서 이어지는 길이 있어 수문 바로 가까이 갈 수가 있다. 수문 앞에 서니 수문 전망대 아래 거대한 물막이 시설이 보인다. 수문은 닫혀있고, 수문 앞에는 한가득 담긴 물이 멈춰있다.

강물이 갈라져 흐르는 곳이 바로 이곳이다. 지금은 북에서 흘러 내려오는 낙동강 물이 남으로 일방통행하고 있지만 대저수문을 열면[2] 일부는 서낙동강[3] 쪽으로 흘러 들어간다. 그렇게 강물이 갈라진다. 그 갈라

---

[2] 대저수문은 밀물, 썰물의 물때에 맞춰 수시로 서낙동강으로 물을 흐르게 한다. 수문 시설은 강서구 녹산동에 있는 녹산배수펌프장에서 원격제어시스템으로 조절한다.
[3] 서낙동강은 선암강, 죽림강이라고도 부른다.

지는 곳 위에 서 있다.

옛날엔 이곳이 낙동강이 물을 토해내는 마지막이자 드넓은 바다의 시작이었다. 항상 넘실대는 물이 가득했고, 물이 많아 도무지 인간이

대저수문

접근하기 어려운 곳이었다. 그런 곳에 수문 시설과 함께 도로를 만들어 놓았다. 낙동강 둑과 함께 산책길, 자전거 길도 만들어 놓았다. 누구나 강물이 갈라지는 곳 위에 설 수 있도록 해 두었다. 옛날 같으면 상상할 수 없는 일인데, 이를 경험하는 맛이 참으로 신기하고 특별하다.

아래를 보니 비록 수문 앞에 멈춘 물이지만 물의 깊이가 느껴진다. 천천히 소용돌이치는 물의 움직임은 뭔가 장엄하다. 만약 수문을 열면

수문을 통해 빠져나가는 물의 흐름이 엄청날 것 같다. 그 물을 바라보며 빠져나갈 물을 상상하는 순간 거대한 물의 역동성이 느껴지고, 순간 몸을 기댄 난간이 가냘프게만 느껴진다. 불안하고 두려워 금새 오금이 저린다. 얼른 눈을 들어 다른 곳을 쳐다보지 않을 수 없다.

대저수문 전망대에서 본 갈라진 강 사이의 땅, 삼각주

강물이 갈라지는 곳은 이곳인데 그러면 삼각주는 어디 있지? 갈라져 흐르는 강 사이의 땅이라고 했는데, 어느 쪽이지? 질문을 해 놓고 잠시 생각하니 이곳은 삼각주로 따지면 제일 북쪽 끝이다. 그러니 몸을 남쪽으로 향해 서야 한다. 남쪽으로 몸을 돌리니 강을 따라 펼쳐진 들판이 눈에 들어온다. 이것이 삼각주다. 좀 더 실감 나게 느끼기 위해 양팔을 펼쳐본다. 왼팔은 남으로 흐르는 낙동강 본류를 따라 향하고, 오른팔은 수문 너머로 보이는 서낙동강 쪽을 향한다. 강물이 갈라지는 두 방향에 맞춰 두 팔을 펼치니, 정면 들판이 가슴에 안길 듯이 다가온다. 그래! 이것이 강 사이의 땅, 삼각주다.

가슴 앞에 펼쳐진 삼각주를 보니 참으로 놀랍다. 삼각주가 너무나 가까이 있다. 눈앞에 보이는 땅이 모두 삼각주다. 조금 전에 차를 몰고 낙동강 둑을 따라 공항로를 달렸던 곳이 전부 삼각주다. 차를 타고 오면서 보았던 집, 공장, 비닐하우스, 밭, 숲 등이 모두 삼각주 위에 있는 것들이다. 그렇다면 삼각주는 이미 사람들의 삶이 뒤엉킨 보통의 땅과 다를 바 없다. 모래밭과 습지, 강물이 뒤엉킨 왠지 좀 특별한 자연환경이어야 할 곳 같은데 전혀 그렇지 않다. 이것이 지금의 삼각주다. 우습게도 삼각주가 있기 전엔 이곳이 바다였으니 지금 바다 위에 서 있다는 것인데 이 사실은 실감조차 나지 않는다.

삼각주라는 것, 바다였다는 것, 지도를 보면서도 그랬지만 막상 현장에 오니 더 인식하기 어렵다. 인간은 작고 상대적으로 자연은 거대하고 또 거대하기 때문이다. 가슴 앞에 펼쳐진 삼각주는 끝없는 들판이고 드넓은 땅이다. 이 넓은 땅을 바다로 바꾸어 생각해야 한다는 것은 이 작은 머리로선 불가능하다. 이해되지 않고, 와 닿지도 않는다.

대저수문을 왜 만들었을까?

다시 대저수문으로 눈을 돌린다. '물이 갈라지는 곳에 대저수문이 있다'는 사실 앞에서 여러 질문이 쏟아져 나온다. 그러면 왜 이곳에 대저수문을 만들었을까? 갈라져 흐르는 강물의 한쪽을 수문으로 막은 것은 왜일까? 자연 상태로 있을 때 어떤 모습이었기에 삼각주 입구에 대저수문이 필요했을까? 이렇게 대저수문이 만들어지고 나서 삼각주는 어떻게 되었을까?

차근차근 알아봐야겠다는 생각에 대저수문을 검색해 본다. 『한국향토문화전자대전』에서는 대저수문을 다음과 같이 이야기하고 있다.

~대저수문은 물난리에 취약했던 낙동강 삼각주 지대를 비옥한 충적토 지대로 바꾸기 위한 치수 사업을 실시하기 위해 1934년 3월 완공되었다. 김해평야의 관개용수 조절 및 낙동강 선박 출입과 홍수 방지 조절을 위하여 건립되었다.~

글 내용 중 '물난리에 취약했던 낙동강 삼각주'라는 글귀에 주목이 간다. 대저수문 건설 전 자연 상태의 삼각주 상황을 단편적으로 보여주는 말이다. 강물에 의해 형성된 땅이니 홍수가 나면 강물이 넘쳐 피해를 입는 것은 당연했을 것이다. 이런 곳에 대저수문이라는 인공 구조물을 만들어 '비옥한 충적지대' 김해평야로 변화시켰다는 것을 설명하고 있다. 대저수문은 낙동강 홍수, 그러니까 삼각주 지역의 홍수 피해를 방지하기 위해 건설된 시설물이다.

삼각주 지역은 모래톱에서 시작하여 오랜 시간에 걸쳐 점점 육지화 되어 갔지만 강물이 흘러와서 만들어진 땅인 만큼 고도가 높지 않았다. 해마다 여름철이면 장마와 집중호우로 인해 홍수가 나고 강물이 넘치는 현상이 잦았다. 그럴 때마다 삼각주 지역 주민과 농작물은 직접적인 피해를 입었다. 이 넓은 삼각주 지역의 물난리는 주민들의 문제를 넘어

지역 전체의 문제요 국가적인 문제이기도 했다.

 삼각주 지역을 보다 안정된 땅으로 만들기 위해 대규모 치수사업을 실시하였다. 1931~1934년 당시 '낙동강공사'라고 불렸던 이 사업은 삼각주의 자연 상태 흐름을 뒤바꾸는 대대적인 사업이었다. 사업의 주된 핵심은 북에서 내려온 강물을 곧바로 남쪽으로 흘려보낼 수 있는 구조로 만드는 것이었다. 원래 낙동강물은 지금의 서낙동강으로 흐르는 것이 주 흐름이었다. 그런데 북에서 흘러온 강물이 서쪽으로 꺾이는 과정에서 물이 정체되고 더 큰 홍수를 유발한다고 판단해, 서쪽으로 흐르는 강물을 막기 위한 대저수문을 설치하고 주 흐름을 남쪽으로 바꾸어 곧바로 흐르도록 한 것이다. 이 사업에는 남쪽으로 흐르는 낙동강을 따라 양쪽에 둑을 쌓는 일과 8개의 수문을 건설하는 일도 같이 이루어졌다.

 대저수문의 건설과 함께 낙동강 둑이 쌓이고 강물의 흐름이 직선으로 바뀌면서 삼각주 지역은 강물이 직접 들이닥치는 위험은 피할 수 있었다. 하지만 이것이 끝이 아니었다. 원래 이곳은 바다였기에 바다에서 거꾸로 밀려 올라오는 밀물에 대해서도 대처해야 했다. 그래서 서낙동강 끝에 또 하나의 수문인 녹산수문을 같이 건설하였다. 낙동강공사의 두 번째 핵심 사업이었다.

 대저수문과 녹산수문이 건설되고 나자 대저를 비롯한 모래톱 삼각주 지역의 홍수는 현격하게 줄어들었다. 삼각주도 빠른 시간에 안정되어 갔다. 양쪽 수문에 갇힌 서낙동강 물은 삼각주 전체를 적시는 농업용수로 사용할 수 있게 되었다. 그때까지 모래톱 땅 정도로 불리던 곳이 김해평야라는 이름을 얻게 되었고, 쌀을 비롯한 많은 농산물을 생산하는 농사지대로 변해갔다. 둑을 쌓고 수문을 만들고 이를 통해 '물을 다스린다'는 치수사업은 비록 일제강점기 그들의 수탈 계획 속에 이루어진 아픔을 가진 사업 중 하나였지만, 인간의 오랜 역사 속에 있어서 필요했던 사업이 이곳에서도 이뤄진 것이다.

녹산수문, 대저수문의 위치(부산의 재발견)

대저수문을 다시 바라본다. 보기에는 곳곳에 설치된 여느 수문과 다를 바가 없다. 작은 전망대 같은 건물에 그냥 물막이가 있는 정도지만 낙동강 삼각주에서는 무엇보다 중요한 시설이다. 삼각주를 살만한 땅으로 만들기 위해 만든 많은 인공의 시설물 중에서 핵심적인 시설물이다. 삼각주를 유지하는 열쇠와도 같다. 요즈음 만들어진 거대하고 말끔한 건물에 비하면 볼품이 없어 사람들이 별달리 신경 쓰지 않고 지나지만, 알고 보면 그냥 지나칠 수 없는 중요한 시설이다.

이젠 만들어진 지 90년이 되었다. 그동안 2개의 수문에 갇혀 호수같이 되어 버린 서낙동강은 지속적인 관리를 받아왔다. 필요에 따라 수문을 열고 닫으며 물의 양과 흐름을 조절하는 것이 기본적인 역할이었지만 산업화의 영향으로 나타난 수질 오염 문제, 강바닥 준설 문제가 드러났다. 무엇보다 점차 늘어나는 용수 용량을 감당해야 하는 문제도 컸다. 이를 위해 대저수문은 낙동강공사 때의 수준보다 폭과 길이를 배나 더 크고 길게 하여 재가설되었고,[4] 녹산수문 바로 옆에는 녹산제2수문이 건설되었다.[5] 그 뒤 수문을 비롯한 서낙동강 전체 물관리를 위해 현대에 맞는 체계적인 관리 시스템이 마련되고, 녹산배수펌프장을 건설하여 모든 관리 운영을 담당토록 하였다.[6]

강물에 의해 빚어진 땅 삼각주는 자연이 만든 작품이다. 흔한 육지 땅에 비하면 갓 생겨난 땅이고 허물어지기 쉬운 땅이다. 인간을 위한 것이라고 생각하면 특별하지만 무척이나 연약한 선물이기도 하다. 그만큼 조심스럽고 신중하게 다뤄야 한다. 이곳을 살아간다면 연약함과 함께 해야 하고, 이 땅을 변화시킬 때도 연약함을 고려해야 한다. 그것이 이 땅에 기대어 사는 사람의 마땅한 도리이다.

그런 면에서 대저수문은 삼각주에 잘 기대어 있는 시설일까? 연약한 땅을 향해 취할 사람의 도리를 잘 지킨 셈일까? 그렇게 하며 지금까지

---

[4] 대저수문은 1987~1988년에 늘어난 용수 용량을 지원하기 위해 길이와 폭을 넓히면서 재가설되었다. 수문도 전동식 자동 조절 장치로 바꿔 지금에 이르고 있다.
[5] 녹산수문은 1988~1992년에 녹산제2수문을 만들어 배수 용량을 늘렸다.
[6] 녹산배수펌프장은 2005~2009년에 만들어졌다. 대저수문, 녹산수문과 함께 서낙동강 유역 전체의 배수 시설을 원격제어시스템으로 관리하고 있다. 녹산수문 가까이 있다.

온 것일까? 혹시라도 인간의 입장만 생각하여 삼각주라는 자연을 희생시킨 것은 아닐까? 정확히 답할 수 없는 질문을 던지면서 삼각주 답사 첫 마당을 마무리한다.

모래톱의 시작, 예안리 고분군

삼각주의 시작은 언제일까? 이곳에 모래톱은 언제부터 만들어지기 시작하였을까? 삼각주의 시작점인 대저수문에서 삼각주의 시작 시기를 질문한다.

일반적으로 삼각주는 신생대 제4기 충적세[7] 지형으로 분류한다. 그래서 빙하기가 끝난 후 바닷물이 안정화된 시점에서 형성되기 시작한 것으로 본다. 하지만 신생대, 충적세, 빙하기 등의 지질시대 말은 우리에게 애매하고 막연하게 다가온다. 그냥 '아주 오래전 옛날'이라는 말과 다름이 없다. 좀 더 현실적인 말로 이야기할 수는 없을까? 최소한 인간의 역사와 관련지어 이야기할 순 없을까? 어차피 추정해야 하는 이야기이기 때문에 정확한 답을 말하기는 어렵겠지만 이와 관련한 흔적이라도 확인하고 싶다.

마침 대저수문에서 비교적 가까운 곳에 예안리 고분군이 있다. 삼각

---

7) 신생대는 지질시대의 마지막 시기이다. 신생대를 제3기와 제4기 둘로 나누는데, 제4기는 약 200만 년 전부터 약 1만 년 전까지의 홍적세와 약 1만 년 전부터 지금까지의 충적세로 구분한다. 제4기의 홍적세에는 빙하기와 간빙기가 반복되는 기후변동이 있었던 시기이고, 충적세는 후빙기라고도 하며 마지막 빙하기가 끝난 후 현재까지를 말한다.

예안리 고분군

주의 시작점과 비슷한 곳이다. 이 고분군은 가야시대 무덤인데, 많은 사람의 뼈가 부식되지 않은 채 발굴되어 편두(褊頭)[8]를 비롯한 가야인의 인골 연구에 주요한 자료가 된 것으로 유명하다. 모래톱 땅에 무덤을 만들었기 때문에 모래 속에 뒤섞인 조개의 석회질 성분이 뼈가 부식되지 않게 해 많은 인골이 발굴될 수 있었다고 하는 곳이다.

모래톱 땅이라 했다. 그곳에 가야시대의 고분이 있다. 뭔가 말해 주

---

8) 편두(褊頭)란 앞머리의 모양을 돌로 눌러 얼굴 모양을 변하게 하는 풍속이다. 삼국지 위서 진한조에 '어린아이가 출생하면 곧 돌로 머리를 눌러서 납작하게 만들려 하기 때문에 지금 진한 사람의 머리는 모두 납작하다'(兒生 便以石壓其頭 欲其褊 今辰韓人皆褊頭 [삼국지 권제 30, 위서 동이전 진한])는 기록이 있다. 이 기록을 증명하는 유물이 예안리 고분군에서 발굴되었다.

는 것이 있지 않을까 싶다. 일단 예안리 고분군으로 가 보자.

　차를 몰고 대저수문을 지나 곧장 북쪽으로 간다. 낙동강둑을 따라 달리다가 대동면 초정리 삼거리에서 김해 시내 방향으로 가는 도로로 접어든다. 얼마 지나지 않아 옛 도로의 맛이 그대로 남아있는 운치 있는 길을 지난다. 논밭이 펼쳐지고, 비닐하우스 들녘도 있고, 은행나무 가로수가 높게 늘어선 2차선 길이 한참 이어진다. 많은 도로가 생겨나면서 차들은 지름길인 큰길로 다 빠져 버리고, 한적한 이 길은 둘러 가는 듯하면서 꼬불꼬불 이어진다. 조용하고 여유로운 길이다. 속도를 내지 않아도 좋은 길이다.

　대저수문을 나선 지 10분 가까이 되었을까? 정면에 예안리 신안마을이라고 쓰인 커다란 마을 비석이 나오고 바로 그곳에 예안리 고분군이 붙어 있다. 고분군은 휑하니 넓은 잔디밭에 얕은 울타리만 둘러 있다. 보통 고분군과는 달리 무덤의 봉분은 보이지 않는다. 안내판에는 이곳에서 210여 기의 가야 무덤을 발굴하였고, 이를 통해 가야 무덤의 변천 과정을 볼 수 있다고 하면서 그 시기는 4~7세기라고 해 두었다. 그리고 190여 개의 사람 뼈가 나왔으며, 그 속에 편두를 확인하였다고 되어 있다.

　안내판을 읽어보고 나서 이리저리 둘러본다. 이곳이 모래톱 위에 형성된 가야시대 공동묘지라는데… 마침 하나가 눈에 들어온다. 고분군 유적지가 도로에 의해 양쪽으로 나누어져 있다. 나누어진 두 지역은 서로 연결된 하나의 고분군이다. 가운데 나 있는 도로도 고분군의 일부였다. 비록 도로에 의해 쪼개지긴 했으나 고분군은 도로를 포함하여 전체를 뒤덮고 있었던 셈이다. 즉 이곳 도로를 따라 길게 이어져 도로와 주택이 늘어선 곳 전체가 예안리 고분군인 것이다.

　도로를 주목해 보는데, 또 하나가 눈에 들어온다. 도로와 주택이 있는 곳, 그러니까 고분군이 있는 터가 주변의 농경지보다 한 단계 높다. 높이 차이는 2m 정도는 되어 보인다. 한 단계 높은 지역이 도로를 따라 죽 이어지고 있다. 그렇다면 고분터는 길게 발달한 모래톱 언덕 위가 아닐까 싶다. 그럴 것이라는 생각이 강하게 든다.

　모래톱 언덕? 모래 언덕? 뭔가 집히는 게 있다. 사주(沙洲)? 그래! 이거다 싶다.

　일단 사실을 정확하게 확인해야겠다 싶어 이곳을 내려다 볼 수 있는

말산에서 내려다 본 옛 육계사주(점선 안쪽) 모습—마을과 도로를 따라 맞은편 까치산까지 이어진다.

높은 곳에 오르기도 했다. 마침 바로 옆에 말산[9]이라고 하는 낮은 산이 있다. 궁금한 마음에 단숨에 뛰어올랐다. 숲이 없는 곳, 조망이 가려지지 않을 만한 곳에 서서 예안리 고분군이 있는 곳을 내려다본다. 아니나 다를까 도로를 따라 길게 이어진 곳이 주변의 농경지와 뚜렷하게 구별된다. 어렴풋이 얕은 언덕이 길게 이어지고 그곳에 집들이 있고, 고분군이 있다. 그것이 반대편 산, 까치산까지 이어진다.

맞다. 길게 놓인 모래 언덕, 사주(沙洲)다. 옛 사주. 그것도 육지와 섬을 연결해 주는 육계사주[10]다. 해안에서 발달하는 대표적인 지형, 육계사주. 육지와 섬을 이어주는 모래톱이다.

정말 절묘한 모습이다! 옛 지형의 모습이 그대로 남아있다. 어떻게 이런 모습이 가능한가 싶을 정도다. 사진(44쪽)에서 보듯 점선을 따라 육계사주가 놓인 것이다. 보고 또 보아도 신기하다. 그러면서 육계사주가 만들어지는 예안리의 옛 모습이 다음과 같이 머릿속에 그려진다.

처음 이곳 주변은 전부 바다다. 지금 서 있는 말산도 바다로 둘러싸인 섬이다. 말산에서 바로 마주하고 있는 까치산을 비롯하여 여러 산이 펼쳐져 있는 곳은 육지다. 시간이 지나면서 낙동강에서 씻겨내려 온 물질은 이곳 까치산 부근부터 쌓이게 된다. 까치산이 있는 육지 쪽에 백사장(사빈)이 발달하다가 이것이 점차 까치산과 말산을 이어주는 모래톱(사주)으로 발달한다. 모래톱은 육지와 섬을 연결하는 육계사주가

---

9) 말산 또는 마늘산이라고 한다. 말산을 한자어로 표현하여 마산(馬山)이라고도 하고, 대동여지도에서는 마늘산의 한자어인 산산(蒜山)이라고 표현되어 있다.
10) 육계사주는 해안이나 하구 부근에 발달하는 모래 언덕인 사주가 육지와 섬에 연결된 것을 말한다.

되고 섬이었던 말산은 육계도가 된다. 사주 주변은 여전히 바닷물로 채워진 상태다. 이것이 예안리의 옛 해안 모습이다. 일반적으로 바닷가에서 볼 수 있는 해안지형과 똑 닮았다.

육계사주가 있는 해안지형 모형도(두산백과)

머릿속으로 이런 멋진 그림을 그리면서 당시 모습을 재미있게 상상해 가는데, 몇 가지 질문이 튀어나온다. 육계사주가 형성된 것은 언제쯤이었을까? 고분이 만들어진 4~7세기에 육계사주가 있었던 것일까? 그렇다면 왜 하필 사주(모래톱)에다 무덤을 만들었을까? 이번에는 머릿속이 조금 더 복잡해진다. 한참을 서서 질문에 대한 답을 찾으려 애써 보지만 쉽지 않다.

여러 문헌을 참고하여 당시 이곳의 모습을 정리해 본 바는 다음과 같다.

보다 오래전, 빙하기였을 때 해수면은 지금보다 약 120m 정도 낮았었다. 약 1만 년 전 마지막 빙하기가 끝이 나면서 해수면이 점점 차오르다가, 약 6천 년 전에는 지금의 해수면과 거의 비슷한 수준이 되었다.

말산 남쪽 옛 해안지형-이곳까지 바닷물이 들어차 있었다.

그렇다면 약 6천 년 전쯤에 지금의 해안선 모습이 갖추어졌다고 볼 수 있다.[11] 이때 낙동강 하구는 삼각주 대신 바닷물로 가득 채워진 만이었

---

11) 해수면 변동에 대한 지금까지 연구된 자료에 의하면, 빙하기가 끝나고 해수면이 상승하여 약 6천 년 전쯤에 지금과 비슷한 높이에서 안정화된 것으로 본다. 안정화된 후에도 작은 폭의 해수면 상승과 하강은 지속적으로 있어 왔다고 하고 있지만 연구자들의 의견이 다양하여 구체적 시기와 정확한 높이를 가늠하기 어렵다. 이 글에서는 안정화 이후 작은 폭의 해수면 상승, 하강에 대한 변화 문제는 고려하지 않았다.

다. 삼각주 주변 지역인 이곳 예안리 들판도 전체가 바다였고, 바닷물이 이곳 산 밑에까지 들어차 있었다. 이러한 정황은 말산 남쪽에 바다의 영향으로 형성된 해안지형 흔적이 또렷이 남아있어 좋은 증거가 된다.[12]

이 바다에 낙동강으로부터 흘러 내려온 물질이 쌓이기 시작했다. 수심이 깊었던 만이 점차 메워지면서 삼각주의 시작을 알리는 사주(모래톱)가 바다 위로 얼굴을 내밀었다. 특별히 이곳 예안리에는 육지에서 연결되는 모래 언덕, 까치산에서 말산으로 이어지는 육계사주가 먼저 모습을 드러내었다. 이것이 삼각주가 만들어지는 초기의 모습이다. 시점은 최소한 예안리 고분군이라는 무덤이 만들어지기 이전이다. 그러니까 4세기 이전의 일이다.

삼각주 초기 장면을 조금 더 쉽게 이해하자면 현재 낙동강 삼각주 남쪽에 발달하고 있는 모래톱을 연상하면 될 것 같다. 삼각주 남쪽에 대마등, 도요등, 진우도, 신자도 등은 물 위로 모래톱만 드러내고 있다. 주변은 여전히 바다이고 모래 언덕(사주)만 발달해 있다. 4세기 이전 무렵 이곳 예안리가 이와 비슷한 모습이었을 것이다.

이곳에 바다를 의지해 살던 사람들이 있었다. 그들은 4~7세기 시기에 모래톱 언덕을 묘지로 사용하였다. 바다를 의지해 살아가니 바다 제일 가까운 모래톱에 시신을 묻는 것을 하나의 풍습으로 삼았던 모양

---

[12] 말산의 남쪽 아래에는 해식동굴, 파식대, notch, 해식 타포니 같은 해안지형이 남아있어 이곳이 옛 해안가였음을 증명해 주고 있다. 특히 해식의 흔적은 높이가 5m까지 나타나므로 해수면의 높이가 지금보다 5m 정도로 높았을 때가 있었음을 의미한다.

이다. 이 풍습은 오랫동안 전해 내려와 20세기까지 이어졌다.13)

이후 낙동강에서 흘러온 물질이 계속 쌓이면서 육계사주 주변의 바다였던 지역도 달라져 갔다. 바다는 점점 얕아져 갯벌과 습지로 변하더니 결국엔 육지로 변해 갔다. 이는 모래톱과 주변 지역이 바다에서 삼각주로 발달해 가는 일반적인 과정과 같다.

자연환경이 바다에서 육지로 변하자 바다를 의지해 살아가던 사람들은 점차 사라져갔다. 모래톱에 무덤을 만들던 풍습도 사라져갔다. 어쩌면 또 다른 바닷가 환경을 찾아 이동해 갔을 것이다. 그 시기가 7세기 이후였다. 7세기 이후의 무덤은 나타나지 않는다.

이상을 간략히 정리하면 이렇다. 옛 육계사주 위에 4~7세기의 예안리 고분군이 존재한다는 것은, 4세기 이전에 모래톱(육계사주)이 형성되었다는 것을 의미한다. 무덤이 만들어지던 4~7세기는 잘 발달된 육계사주와 함께 갯벌, 습지를 끼고 바다가 펼쳐져 있었다. 사람들은 갯벌과 주변 바다를 의지해 살면서 삶의 마지막 흔적을 모래톱 위 무덤으로 남겨 놓았다. 그것은 가야시대였고 가야 사람들이었다. 7세기 이후가 되면 사주 주변 지역마저 육지화 되고 바다가 아닌 농경에 의지해 살아가는 사람들의 터전으로 변한다. 바닷가 사람들의 무덤 풍습은 사라져 버리고 무덤은 더 이상 생겨나지 않는다.

---

13) 반용부 외,『살아있는 땅, 낙동강 삼각주』, 2010, 84쪽에는 '우리나라 도서지방이나 해안의 어촌일 경우 해안 사구에 묘지를 쓰는 경우가 많이 있다'고 하고 있다. 대표적인 예로 같은 삼각주 지역인 명지 지역은 도시개발로 인한 경지정리가 되기 전까지 집 가까운 모래톱(사주)에 묘지를 쓰는 풍습을 유지하고 있었다. 「향토기행」,『강서구보』2002.11.24.일 자에서는 명지동 중리마을을 소개하면서 '이곳 중리마을 주변 일대는 모래톱 위에 동서로 길게 뻗은 수만 개의 큰 공동묘지가 있었으나…'라고 설명하고 있다.

말산을 내려와 고분군 예안리 고분군이라는 안내판에 다시 선다. 안내판에 적힌 대로 가야시대의 고분과 가야 사람의 인골이 나왔다는 면에서 매우 중요한 역사적 유적지다. 안내판에 한 가지 아쉬운 것은 지금과는 달랐던 자연환경에 대한 이야기가 없다. 당시 예안리 사람들은 육계사주와 주변이 바다였던 자연환경 속에 살아갔다. 자연환경이 다르면 삶의 방식이 달라진다. 고분 속에서 나온 수많은 유물들에 대한 이해와 해석도 달라진다. 안내판을 읽는 사람들도 이 사실을 알고 상상할 수 있도록 안내해 두어야 하지 않을까?

삼각주의 첫머리 땅

예안리 고분군에서 왔던 길의 반대로 난 길(대동로)을 따라 서쪽으로 곧장 간다. 은행나무 가로수가 늘어선 한적한 2차선 길이 이어진다. 얼마 가지 않아 서낙동강의 큰 물줄기가 보이면서 불암사거리를 만난다. 부산에서 김해를 오가는 경전철과 김해대로, 북낙동로, 서낙동로 게다가 가까이 남해고속도로까지 뒤엉킨 곳이다. 여기서 좌회전을 하여 서낙동강을 건너 삼각주 안으로 들어가면 대저 땅의 대지, 사덕, 출두 지역14)으로 이어진다. 이곳은 삼각주의 제일 북쪽, 어쩌면 삼각주의 첫머리 땅이라고 할 수 있는 지역이다.

---

14) 첫머리 땅은 1978년 김해군에서 부산시로 변경되면서 행정구역 이름이 대저1동으로 변했다. 사덕리, 대지리, 출두리는 지금은 거의 사용하지 않는 옛 이름이다. 이 글에서는 정확한 위치를 표현하기 위해 사용하였다.

아마 이곳이 삼각주가 제일 먼저 시작된 곳일 것이다. 구체적인 증거가 될 만한 것이 없어 그것이 언제인지 또 어떻게 이뤄졌는지는 알 수 없지만, 삼각주 형성 정황으로 볼 때 낙동강 삼각주는 가장 북쪽 여기 첫머리 땅부터 시작되었을 것이다. 어쩌면 예안리의 육계사주가 이뤄졌을 즈음에 이곳에서도 모래톱이 시작되었을 가능성이 높다. 하지만 단정할 수 없다.

삼각주의 시작은 그렇다 치고 삼각주에 사람이 제일 먼저 살게 된 곳은 어디일까? 그곳도 첫머리 땅일까? 오래된 이야기라 말하기는 쉽지 않지만 마침 뒷받침할 만한 약간의 기록 자료가 남아있어 정리해 본다.

낙동강 삼각주에 사람이 살게 되었다는 이야기는 조선 세종 때 편찬된 『경상도지리지』[15]에 처음 등장한다. 조선 초기의 지리적 상황을 설명한 『경상도지리지』는 경상도에 속한 섬 12개를 설명하면서 대저도와 명지에 대해 다음과 같이 기록해 두었다.

"양산의 대저도는 육지에서 수로로 160보이며 나라의 농토에 백성들이 들어가 살고 있다."
"명지는 육지에서 수로로 30리에 있으며 본래 농사짓는 곳이 없다."[16]

---

[15] 『경상도지리지』는 세종 6년(1424) 경상도 관찰사 하연(河演)이 편찬한 것으로, 세종 때 전국지리지 편찬을 위한 노력으로 얻어진 결과물 중 하나다. 현존하는 조선 최초이자 최고의 지리지다.

[16] 『경상도지리지』는 경상도의 여러 섬[諸島] 중 12개의 섬에 대해 기록하면서 대저도와 명지에 대해 기록해 두었다. 그 원문은 다음과 같다. 梁山 大渚島 陸地相距水路一百六十步 國農所人民入居. 鳴旨 陸地相距水路三十里 本無農場.

'대저도는 ~ 백성들이 들어가 살고 있다'고 하여 '사람이 살고 있다'는 사실을 처음으로 기록하고 있다. 이와 함께 '나라의 농토에 ~ 살고 있다'고 하여, 사람이 살 뿐 아니라 '농사짓는 일이 이뤄지고 있다'는 것을 말하고 있다. 이로써 이 글이 쓰인 조선 초기쯤에 대저 지역은 이미 육지화되어 사람이 살았다는 것을 알 수 있다. 하지만 '명지는 ~ 농사짓는 곳이 없다'고 하면서 사람의 거주에 대해서는 표현하지 않고 있다. 어느 정도 육지화가 진행되어 명지라는 섬의 모습은 갖춰졌지만 농사짓거나 거주하지는 않았던 모양이다.

그러면 이런 추정이 가능하다. 예안리 고분군에서 보았듯이 가야시대에 모래톱이 형성되기 시작한 이후 신라와 고려를 거쳐 오면서 낙동강 하구는 곳곳에 모래톱이 생겨났을 것이다. 생겨난 모래톱에 점점 식생이 자라다가, 조선 초기에 이르러서 대저 땅은 농사를 지을 수 있을 정도가 된 셈이다. 물론 기록된 자료가 한정적이어서 그 이전 신라나 고려시대에 이미 사람들이 들어가 농사짓고 살았을 수도 있겠지만, 지금으로선 단정할 수 없다. 분명한 것은 조선 초기에는 사람들이 들어가 농사지으며 살고 있었다는 것이 된다. 삼각주 중에서 사람이 제일 먼저 거주한 땅이 대저인 것이다.

하지만 대저 땅은 상당히 넓어 대저 땅 중에 어딘지는 정확하지 않다. 역사적 자료 속에서는 더 이상 세밀한 지명이 나오지 않기 때문에 답을 찾을 수 없다. 삼각주가 만들어지는 일반적인 현상에 근거하면 다음과 같은 추정은 가능하다.

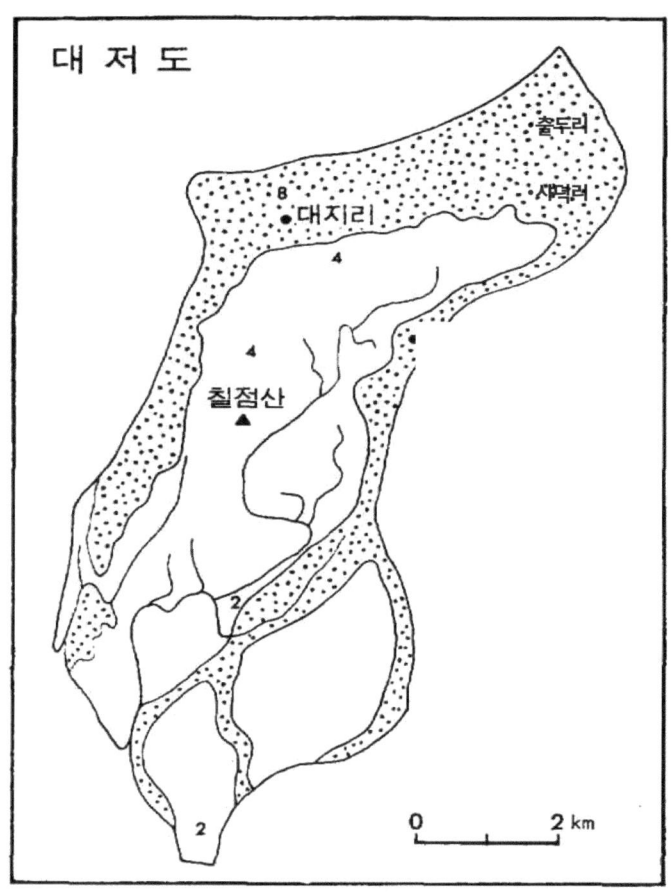

대저도의 자연제방-점 있는 부분(권혁재, 1973)

삼각주는 자연제방[17]이 발달한다. 자연제방은 하천 가까운 곳에 홍

---

17) 하천은 홍수가 나서 넘칠 때마다 주변에 흙과 모래를 퇴적시키는데, 하천에 가까울수록 더 많은 양의 흙과 모래가 퇴적되어 주변 다른 지역에 비해 상대적으로 고도가 더 높은 지형을 만들게 된다. 이렇게 하여 하천 가까이에 형성된 상대적으로 고도가 높은 지대를 자연제방이라 한다.

수 때마다 상대적으로 입자가 큰 흙과 모래가 쌓이면서 이뤄진 좀 더 높은 언덕을 말한다. 이런 곳에는 과수원 같은 농경지와 도로는 물론 주거지역이 제일 먼저 발달하여 마을을 형성하는 것이 일반적인 현상이다. 지도(53쪽)에서와 같이[18] 대저 땅 중에서는 첫머리 땅인 대지, 사덕, 출두 땅이 자연제방이 제일 잘 발달한 곳이다. 따라서 첫머리 땅(대지, 사덕, 출두)이 제일 먼저 육지화되었을 뿐 아니라 제일 먼저 사람들이 거주하는 곳이 되었을 것이다.

보다 일찍 사람들이 거주했기 때문에 지금도 대저라고 하면 제일 먼저 가리키는 곳이 사덕, 대지 일대이다. 부산과 김해를 오가는 신작로 도로가 생긴 곳도 이곳이며 행정의 중심 강서구청도 이곳에 있다. 또 수리 시설도 다른 삼각주 지역보다 일찍 이루어져 한때 배 과수원 농사가 유명했던 곳이기도 하다. 이곳은 낙동강공사 이후 김해평야의 벼농사 중심지 역할을 하다가 지금은 대저 짭짤이 토마토[19]라는 지역브랜드 농산물을 생산하고 있다. 대저 땅의 중심지라고 할까? 그런 역할을 해오고 있는 곳이 첫머리 땅이다.

첫머리 땅으로 들어가 본다. 불암사거리에서 김해-부산 경전철 고가도로가 세워진 낙동북로를 따라 동쪽으로 한참을 간다. 길 따라 많은 건물들이 이어지고 부산과 김해를 오가는 자동차 흐름도 상당하다. 길

---

18) 권혁재, 1973, 「낙동강 삼각주의 지형 연구」, 『지리학』 제8호, 13-15쪽 부분.
19) 짭짤이 토마토는 과거 이곳이 바다였기에, 땅에 남아있는 바닷물의 짠 성분 때문에 이곳에서 생산이 가능한 품종이라고 한다. 일반 토마토와 달리 9~10월에 심어 겨울을 지나 봄이 오면 2~4월에 수확을 한다. 기나긴 겨울을 비닐하우스 속에서 지내기 때문에 더 당도가 높고 짭짤한 토마토를 생산해 낼 수 있다.

안쪽은 어떨까 싶어 낙동북로에서 샛길로 들어선다. 강서구청으로 이어지는 대저로로 접어들며 주변을 살핀다. 평지의 땅에 농경지나 비닐하우스 같은 농사지역도 드문드문 보이지만 우뚝우뚝 들어선 제법 큰 건물들이 눈에 쉽게 들어온다. 더 안쪽 도로를 들여다봐도 마찬가지다. 대부분 가건물 구조에 지붕만 빼면 직육면체 형태다. 아마 공장 건물 또는 공장 창고 건물일 것이다. 이런 공장, 창고 건물이 대부분이다. 부산의 도시화, 산업화의 영향이다. 이러한 모습은 강서구청이 있는 신장로 마을[20]까지도 마찬가지다.

첫머리 땅에서 강이 있고, 모래톱이 있는 삼각주의 자연을 보기는 어렵다. 삼각주 벌판의 농사지역마저 찾기 어렵다. 어디를 서 보아도 건물에 가려 멀리까지 펼쳐진 들판은 보이지 않는다. 한때 부산의 외곽, 시골스런 지역이었으나 점차 도시적 모습으로 변해 버렸다. 부산이라는 대도시 근교 지역으로 변화된 모습이 그대로 나타나 있다. 게다가 앞으로 또 어떤 변화가 닥칠지 예상할 수 없는 곳이 되어 있다.

죽도산에서 서낙동강을 내려다 보다

삼각주에 무질서하게 들어서있는 공장 건물들을 본 까닭일까 왠지 머릿속이 어수선하다. 예안리 말산에서 옛 육계사주를 내려다보았을

---

20) 신장로 마을에 대해선 글쓴이의 또 다른 글인 『교실에서 못다 한 부산 이야기』, 「강서 신장로 마을」(2019, 호밀밭)에서 좀 더 자세히 이야기해 두었다.

때가 생각난다. 자연 상태의 삼각주를 그렇게 깔끔하게 내려다볼 수 있는 곳이 없을까? 아직은 그럴만한 곳이 남아있을 것 같은데… 돗대산에서 보았던 삼각주 전체 조망도 좋았지만, 이번에는 강과 어우러진 삼각주의 모습을 보다 가까이서 감상하고 싶다. 삼각주를 돌다가 쉽게 올라가서 이곳 주변을 내려다볼 수 있는 곳이면 좋겠다.

낙동강 삼각주는 독메[21] 지형이 곳곳에 있다. 과거에는 섬이었는데 바닷물이 육지로 바뀌면서 지금은 낮은 산과 같이 된 곳이다. 예안리 말산과 같은 산이 대표적이다. 그러면 강 가까이 독메로 있는 다른 산을 올라볼까. 서낙동강에 바로 붙어 있는 죽도산이 떠오른다.

첫머리 땅 안으로 들어갔던 자동차를 되돌려 불암사거리로 간다. 불암사거리에서 남쪽으로 좌회전하여 식만로로 접어든다. 다시 동쪽에 서낙동강을 끼고 도로를 달린다. 조금 지나니 도로 주변으로 한적한 평지가 사방으로 펼쳐진다. 강을 사이에 두고 삼각주 안쪽과 삼각주 바깥쪽은 모두 같이 형성된 땅이기 때문에 같은 삼각주 지역이라고 할 수 있다. 그래서 길 주변이 모두 평지이다. 달리는 내내 마음이 평온하다. 경사진 곳보다는 평평한 곳이 마음에 안정을 주기 때문일 것이다. 지나는 길에 강의 경치와 어우러진 음식점들이 들어서 있다. 잠시 쉬었다 가는 것도 좋을 듯하다. 삼각주 들판과 서낙동강 물이 어울린 평온한 자연을 마음에 담아 갈 수 있을 것 같다. 하지만 죽도산에 올라 이런

---

[21] '독메'란 '넓은 들에 홀로 떨어져 있는 산'을 의미한다. '홀로'라는 의미의 獨(독)이라는 한자음과 山(산)을 뜻하는 우리말 '뫼'가 합쳐진 글이다. 이 지역이 바다였을 때는 섬이었던 것이 낮은 산으로 변한 것이다. 따라서 '섬바위', '들섬'이라 부르기도 한다.

죽도산에서 본 서낙동강-강 가운데 섬이 중사도

곳을 빨리 내려다보고 싶은 마음에 갈 길을 재촉한다.

　불암사거리에서부터 5분 넘게 지난 것 같다. 정면에 독메가 하나 보이고 '가락초등학교 삼거리'의 신호등이 차를 맞이한다. 이 독메가 죽도산이다. 신호등에서 자세히 보니 삼거리 건너편에 죽도산으로 올라가는 샛길이 보인다. 차가 갈 수 있도록 길이 마련되어 있지만 급경사 길이라 운전이 만만찮겠다. 하지만 저기를 올라가야 내려다볼 수 있는 곳이 있을 것 같다.

　신호가 바뀌고 삼거리 앞을 가로질러 산으로 난 샛길을 올라간다. 아슬아슬한 경사에 약간의 긴장을 하고 오르는데 얼마 가지 않아 왼쪽에 주차할 만한 공간이 보이고, 안내판 하나가 서 있다. 내려서 확인하니 죽도왜성에 대한 안내판이다. 그래! 죽도산에는 왜성[22]이 있다. 그러나 왜성보다는 주변의 경치와 함께 산 아래 들판이 한눈에 들어온다. 삼각주 전체는 아니지만 서낙동강을 낀 삼각주 들판 일부가 가슴에 확 다가와 안긴다. 기대했던 것이 바로 이것이다. 모든 것을 제쳐두고 한참 동안 내려다본다.

파란 하늘과 함께 눈이 시리도록 짙푸른 모습의 강줄기가 몸을 휘감듯 다가온다. 탁 트인 벌판이 강물을 따라 이어진다. 강과 농경지와 주거지가 어울린 삼각주 들판의 모습이다. 한때는 이 들판 전체가 바다였다. 그곳에 모래톱이 생겨나면서 점점 육지로 변하였다. 바닷물도 강물로 변한 곳이다. 강물은 가득 채워져 있다. 대저수문을 통해 들어온 서낙동강 강물이 여기에 와서 한가득 머물러 있다. 강물이 땅을 적시고 들판을 기름지게 하는 것이 눈에 선하게 느껴진다. 더구나 강 한가운데 만들어진 작은 삼각주 중사도는 강물에 절묘하게 걸쳐진 채 자리하고 있다. 강을 따라 펼쳐진 비닐하우스는 들판을 하얗게 덧칠한 듯하다. 더할 나위 없이 풍성하고 넉넉한 풍경이다. 평화롭다는 것이 바로 이런 것일 것이다. 바라보는 이의 눈과 마음까지 평온하게 한다.

멀리 보니 김해, 부산의 시가지가 살짝살짝 보인다. 올라 보았던 돗대산은 유독 튀어 오른 모습이다. 좀 전에 보았던 까치산도 또렷하다. 더 멀리 금정산 고당봉은 남달리 솟은 모습이다. 이것저것을 감상하는 사이, 아슬아슬하게 마음을 졸이며 올라왔던 긴장감은 이미 씻은 듯 날아가고 없다.

---

22) 왜성이란 임진왜란 때 일본군이 전쟁의 장기화에 대비하여 그들의 방식으로 쌓은 성을 말한다. 부산 경남 일대 현재 30여개 정도 남아있다.

그런데 이 좋은 곳에 왜 죽도 왜성 안내판이 있을까 하는 의문이 든다. 눈을 산 쪽으로 돌리니 수풀 속에 왜성의 모습이 살짝 보이긴 한다. 안내판과의 거리는 제법 떨어져 있다. 왜성 안내판 대신 차라리 삼각주 안내판을 만들면 어떨까 싶다. 아니 안내판보다 삼각주 전망대가 있는 것이 좋겠다. 거기에 삼각주에 대한 전반적인 이해를 돕는 삼각주 전시관 같은 공간도 같이 마련하면 더 좋겠다. 낙동강 삼각주가 어떻게 생성되었고 지금은 우리에게 어떤 영향을 주고 있는지를 알아가는 공간, 멋있지 않은가! 이곳이 적격의 장소라는 생각이 절로 든다.

돌이켜 생각하면 지금까지 삼각주에 대한 이해를 돕는 어떤 장소도 만들지 않은 점이 이상하다. 부산시든 강서구든 독특한 지형인 삼각주의 가치를 모르진 않을 텐데… 우리나라 어디에도 찾을 수 없는 자연자원 중 하나인데… 이제라도 이 귀하고 중요한 것을 보고 알고 생각하게 할 필요가 있다. 그런 장소로서 적합한 곳일 것 같다. 삼각주 전망대, 아무리 못해도 왜성 안내판보다는 우리의 마음을 더욱 풍성하고 값지게 하지 않을까.

보석 같은 둔치도 둘레길

죽도산을 내려와 가락초등학교 삼거리에서 가락대로를 따라 남쪽으로 향한다. 남해고속도로 가락 IC를 지나면서 과학산업단지로 이어진다. 이곳은 녹산, 신호 공업단지와 부산신항으로 오가는 물자가 이동하는 길이라 물동량이 장난이 아니다. 거대한 자동차의 홍수 속을 지나는 느낌이다. 주변에는 경마공원(레츠런 파크)이 있고, 과학산업단지의 공장 건물들도 빼곡히 눈에 들어온다. 부산이라는 대도시 주변에 있는 지역의 큰 변화가 실감 나는 곳이다. 얼마 전까지 농경지였던 곳이다. 지금은 새롭게 들어선 건물들로 완전히 다른 지역이 되어 가고 있다. 이곳이 농사에 기름진 땅 삼각주 주변 지역이었는지 상상조차 어렵다.

가락대로에서 생곡로를 향해 좌회전하여 서낙동강에 가까운 쪽을 향한다. 산업단지가 끝날 즈음 생곡로는 서낙동강의 물길에 붙어서 달린다. 여기서 낙동강과 그 너머로 삼각주의 드넓은 들판이 펼쳐진다. 저 멀리 부산 시내의 높은 산이 있는 곳까지 지평이 이어지고 삼각주 전체가 한눈에 들어오는데 가운데는 에코델타시티를 조성하는 건물들이 일부 보인다.

마침 가까운 곳에 작은 삼각주 둔치도가 있다. 아직 개발의 손길이 닿지 않은 곳으로 알려져 있다. 왠지 삼각주 평지가 펼쳐져 있는 것을 감상할 수 있을 것 같다. 어쩌면 강과 어우러진 자연 상태의 삼각주 모습도 볼 수 있을 것 같다. 은근히 마음속으로 그렸던 그런 모습이 남아있을까? 둔치2교 앞에서 좌회전하여 둔치도 안으로 들어간다.

둔치2교 다리를 건너자마자 둑을 따라 난 둘레길이 서낙동강과 나란히 펼쳐진다. 곧바로 강과 어울린 들판의 모습이 한눈에 들어온다. 더 찾아다닐 것도 없이 탁 트인 낙동강이 가슴에 안길 듯 다가온다. 순간, 마음속에 그리던 삼각주 자연의 한 모습이 바로 이것이다는 생각에 얼른 차에서 내린다. 물가 가까이 다가가 강과 평지를 하염없이 바라본다.

둔치도에서 본 서낙동강

강과 하늘이 맞닿은 듯하다. 강물에 하늘과 구름이 투영되고 있다. 파란색, 하얀색이 쌍을 이뤄 너무나 잘 어울린다. 게다가 연두색의 물풀까지… 자연이 만들어 놓은 색이다. 강 건너편 삼각주는 하늘과 강을 구분이라도 하듯 수평으로 짙은 초록색의 가는 직선을 드리우고 있다. 에코델타시티에 건설 중인 건물이 다소 거슬리긴 하지만 더 멀리 있는 부산의 산을 보니 그 또한 정겹게 느껴진다. 강물은 잔잔하고 고요하기 그지없어 평안함에 평화로움을 더한다. 눈을 열고 가슴을 열고 이 모습을 온몸에 담을 요량으로 크게 숨을 들이킨다. 그리고 한참을 서서 드넓은 대지가 주는 평온함에 마음을 온통 내어놓는다.

둔치도 둘레길과 서낙동강

 이어지는 둘레길은 어떤 모습일까? 이런 비슷한 모습이 계속될까? 더욱 큰 기대감을 안고 다시 차에 오른다.
 북쪽으로 향하는 1차선 둘레길에는 가로수가 아름드리 서 있다. 좁다랗게 잘 만들어진 길이다. 둘레길과 잇닿은 서낙동강 새파란 물줄기가 한눈에 들어오고 강가의 갈대는 손 마중하듯 흔들린다. 길을 따라 느리게 드라이브를 하는 맛 또한 일품이다. 강물이 가까이서 맞이하는 것 같고 곧은 듯 굽은 길은 마음을 부드럽게 한다. 삼각주 안쪽으로 펼쳐진 농사짓는 들판도 평온함을 더한다. 간혹 앞에서 오는 차량과 마주치면 잠시 긴장하며 속도를 완전히 늦춰야 한다. 그러면서도 강과 들판이 어우러진 경치를 보느라 눈이 바쁘다. 그야말로 자연스런 분위기에 푹 빠져들고 있다. 다시 조금 넓은 길에 차를 멈춘다. 내리는 곳이 다 좋은 전망터다. 강과 들판이 어울린 멋들어진 광경을 다시금 눈에 듬뿍 담아본다. 평안함이 느껴져서 정말 좋다.

서낙동강 건너편 삼각주는 강을 따라 가림막이 길게 놓여 있고 에코델타시티가 조성되고 있다. 이미 토지 기반 조성이 이뤄지고 건물이 들어서고 있다. 저 평지에 얼마나 많고 높은 건물이 들어설지 알 수가 없다. 이곳에서 강 건너 펼쳐진 들판을 바라볼 수 있는 시간이 얼마 남지 않은 것 같다. 강과 들판이 자연스레 어울린 이 장면, 앞으로는 볼 수 없을지 모른다. 아쉬움이 먼저 앞을 가리지만 거꾸로 지금은 눈앞에 저렇게 펼쳐져 있다는 것이 얼마나 행운인가 싶기도 하다.

다시 차를 몰고 간다. 북으로 난 외길에 차를 맡기듯 천천히 움직이는데, 앞에서 정겨운 장면이 눈에 들어온다. 한때 우리나라 강둑 어디에나 있었던 미루나무가 있다. 대부분의 강둑에 제방 공사가 이뤄지며 메어졌는지 요즈음은 쉽게 보기 힘든 나무가 되었는데 이곳은 당당히 남아있다. 어린 시절 동요 '흰 구름'이 떠오른다.

'미루나무 꼭대기에 조각구름 걸려있네~♬~ 솔바람이 몰고 와서 걸쳐놓고 도망갔대요♬♪~'

미루나무 끝에 조각구름은 달려 있지 않지만 그 높은 끝을 볼 때마다 눈이 시린 것은 어린 시절이나 지금이나 마찬가지다. 강과 어울려서 정겨운 맛을 한층 더 뿜어내고 있다.

둔치도의 북쪽 끝에 오니 음식점과 카페가 있다. 좀 오래된 둔치교가 있고 둔치 마을이 있는 곳이다. 서낙동강과 조만강으로 이어지는 샛강이 있어 강과 마을이 너무나 잘 어울린다. 강에는 여유로운 낚시꾼이 있어 더할 수 없이 평화로운 삶의 공간을 연출하고 있다.

둔치도 미루나무

강을 따라 난 길은 마을을 지나면서 방향을 틀어 남쪽으로 향한다. 또 다른 강 조만강이 서쪽에 나타난다. 서낙동강을 낀 길도 좋지만 조만강을 낀 길은 더 고요하고 평화롭다. 강은 호수처럼 둔치도를 감싸고 있다. 섬 안쪽은 풍요로운 농경지 들판이 펼쳐진다. 그 사이에는 벚나

둔치교에서 본 둔치마을 옆 샛강

무 가로수가 우거진 강둑길이 좁다랗게 이어진다.

  차에서 내려 길을 따라 걷는다. 강물과 들판 그리고 둘레길, 세 박자가 어우러진 그야말로 최상의 산책길이다. 봄이 되면 벚꽃이랑 어울려 한껏 더 뽐내는 곳이 될 것 같다. 강과 들판이 주는 평온한 맛에 흠뻑 젖어 걷고 또 걷는다. 여유가 된다면 차를 한곳에 두고 걸어서 섬을 한 바퀴 도는 것이 더 좋겠다 싶다.

  걸을 만큼 걷다가 아쉽지만 다시 차로 되돌아온다. 조만강을 끼고 남쪽으로 나아간다. 얼마 있지 않아 둔치2교 다리를 만난다. 둔치도를 한 바퀴 다 돈 셈이다.

조만강과 둘레길 그리고 들판

작은 삼각주, 둔치도…

한마디로 삼각주의 자연스러움이 듬뿍 남아있다. 삼각주 들판 모습을 한눈에 안을 수 있고, 넘칠 듯 가득 찬 강물을 마음껏 품을 수 있다. 강 가까운 곳엔 오래 된 마을이 남아 있고, 양어장 시설이 약간 보인다. 들판의 농경지는 평화롭기 짝이 없다. 몇 군데의 다육이 공방, 음식점과 카페가 외지인을 위한 시설로는 전부인 것 같다. 일부 개발의 손길이 미쳤는지 부지조성을 해둔 곳[23]은 있지만, 그 흔한 공장 관련 건물을 여기서는 거의 볼 수 없다. 정말 한적한 자연의 모습, 마음속에 그리던

---

[23] 1990년대 연탄 공급을 위한 연료 단지 조성 계획이 이뤄졌던 곳이다. 연탄 수요의 감소로 인해 사업이 백지화되자 지금까지 빈터로 남아있다.

작은 삼각주의 모습이다.

  오가는 사람들도 별로 없어 조용하고 고요하기만 하다. 둘레길 어디에나 만들어 놓은 인위적인 데크 시설물마저도 여기서는 보이지 않는다. 그래서 더욱 자연스럽다. 그 자연스러움 속에 그냥 그대로 들어간다. 누군가 한적하고 자연스런 들판을 조용히 거닐고 싶다면 이곳을 강추하고 싶다. 부산 시내에서는 좀 떨어져 있어 쉽게 올 수 있는 곳은 아니다. 그러나 마음을 먹고 오면 자연이 주는 평안함을 진하게 맛볼 수 있는 곳이다.

  크게 보니 둔치도는 동쪽으로 에코델타시티가 만들어지고 있고, 서쪽으로 과학산업단지가 이미 들어서 있는 그 사이의 땅이다. 이런 주변의 분위기로 보아 이곳도 개발의 바람이 곧 불어 닥칠 것이 분명하다. 알아보니 생태공원[24]이 만들어질 예정이라고 한다. 그렇다면 지금의 자연스런 모습이 오래 가지 못할 것이 분명하다. 다행히 공원이 만들어진다니 기대되는 점이 없지는 않지만, 자연스런 모습이 좀 더 유지되기를 바라는 마음에선 아쉽기만 하다.

  둔치도를 빠져나가기 전, 차를 멈추고 다시 한번 강물과 펼쳐진 들판을 바라본다. 자연스레 대지를 뒤덮은 모습이 여전히 평안하게 다가온다. 이 모습이 바뀌어 버리기 전에 또다시 와 봐야 한다는 다짐이 강하게 사로잡는다.

---

[24] 부산시에서는 2025년까지 둔치도를 '강문화 생태공원'으로 만들려고 한다. 그 속에 '한류 민속촌' 같은 테마파크를 담을 예정이다.

녹산수문은 하굿둑이다

둔치도를 나와 서낙동강을 따라 난 생곡로를 접어들어 녹산수문으로 향한다. 질주하는 자동차들이 도로를 뒤덮고 있다. 둔치도에서의 평안함을 잃지 않으려고 마음의 속도를 가능한 천천히 유지하고 싶지만 쉽지 않다. 얼마 가지 않아 생곡로는 낙동남로를 만나 삼거리를 이룬다. 삼거리 바로 옆에 녹산수문이 있다. 좌회전하여 녹산수문 위에 바로 차를 세우고 싶지만 대로변이라 차를 멈출 수가 없다. 일단 수문을 통과하니 우측에 노적봉공원이 있다. 공원 주차장에 차를 대고 지체없이 녹산수문으로 향한다.

공원에서 서쪽으로 난 인도를 따라 조금 걸어가니 전망대처럼 보이는 수문탑이 있다. 그 옆에 조그마한 표지석에는 녹산제2수문이라는 글귀와 함께 1988년~1992년에 수문이 건설되었음을 알려준다. 그런데 '이곳이 제2수문이라면 제1수문은 어디 있지?' 이런 질문을 하며 둘러보는데 도로를 따라 멀리 또 하나의 수문이 보인다.

녹산수문은 2개이다. 가운데 노적봉[25]이라는 독메를 두고 서쪽 수문과 동쪽 수문이 있다. 서쪽 수문[26]은 대저수문과 함께 일찍 건설된 제1수문이고, 동쪽 수문[27]은 모자라는 배수 용량을 보강하기 위해 나

---

[25] 노적봉(露積峰)은 크기가 녹두처럼 작다고 하여 녹도로 불리기도 한다. 노적봉이라는 말은 임진왜란 때 왜군이 쳐들어오기 전에 이 섬 전체를 짚으로 둘러씌워 군량미가 충분한 것처럼 노적가리로 위장을 해 놓아 왜군이 놀라 도망가게 했다는 전설에서 비롯되었다.
[26] 1934년 4월에 완공되었고, 공식적으로는 녹산제1배수문이라고 한다.
[27] 1992년 6월에 완공되었고, 공식적으로는 녹산제2배수문이라고 한다.

녹산제1수문, 노적봉 녹산제2수문

중에 건설된 제2수문이다. 제2수문탑 아래 커다란 물막이 시설이 보이고 거기에는 물이 가득 차 있다. 물막이는 닫아놓아 물의 흐름을 막아 놓았다.

수문에서 남쪽 방향은 바다 쪽이다. 바닷물이 이곳까지 와 있다. 반대편 북쪽 방향은 서낙동강의 민물이다. 서 있는 수문 위는 바닷물과 강물이 나뉘는 곳이다.

이 모습을 보는 순간 갑자기 한 가지 생각이 번뜩 떠오른다. 서 있는 수문에서 남쪽은 바닷물이고 북쪽이 강물이라면 이 수문이 강과 바다를 나누는 역할을 하고 있다는 것이 아닌가! 수문이 바닷물과 강물이

2장_서낙동강을 따라 69

섞이는 것을 차단하고 있다면, 이것은 단순히 물을 차단하고 열어주는 수문이라기보다 하굿둑에 가깝다. 바다에서 올라오는 짠물을 차단하고 육지 쪽 민물을 보호하여 농업용수, 생활용수로 사용이 가능하도록 하는 하굿둑 말이다.

아니나 다를까 자세히 보니 수문을 기준으로 바닷물 쪽의 수위가 강물 쪽의 수위보다 더 높다. 수문이 없으면 바닷물이 강물 쪽으로 거꾸로 올라갈 것이 뻔하다. 이름이 수문이라고 해서 단순히 물을 막고 내보내는 역할을 하는 곳으로만 여겨 왔는데 이 수문의 더 중요한 역할은 바닷물이 올라오는 것을 막아주는 것이다.

그래, 하굿둑이다. 그렇다면 녹산수문이라기 보다 녹산하굿둑이라고 하는 것이 더 맞는 표현이겠다. 건설된 시기로 보아 우리나라 최초의 하굿둑인 셈이다. 하지만 만들어질 당시는 하굿둑이라는 용어가 없었다. 처음 녹산수문이라고 했던 용어를 그대로 사용하다 보니 그 역할이나 기능이 쉽게 드러나지 못했다. 녹산수문이 낙동강하굿둑과 같은 역할을 하는 것으로 여기는 사람들이 얼마나 있을까? 이름이 다르니 당연히 다른 것으로 여길 것 같다. 당황스럽기까지 하다. 이름 하나에도 그 속성을 잘 담은 용어를 쓸 필요가 있다. 그렇지 않으니 괜한 오해를 사고 또 다른 방법을 통해 바로 잡아야 하는 수고를 하게 된다. 그렇다면 지금이라도 이름을 녹산하굿둑으로 바꾸는 것은 어떨까? 하굿둑이라는 용어가 완전히 정착된 지금 공식적으로 수정한다고 해서 특별한 문제가 있을까?

녹산수문이 통과하는 이 길, 낙동남로를 따라 동쪽으로 곧장 가면 낙동강하굿둑으로 이어진다. 같은 선상에 하굿둑 2개가 같이 있는 셈이다. 상류에서 내려오던 낙동강이 대저수문에서 갈라져 2개의 강으로 흐르다가 2개의 하굿둑에 의해 물 조절이 되고 있는 것이다.

녹산수문에서 본 남쪽 바다의 윤슬

다시 수문에서 남쪽의 바다를 바라본다. 바다라지만 강폭만큼만 바닷물이 열려 있다. 눈으로 보기에는 꼭 강과 같은 느낌이다. 멀리 바다의 수평선이 보이려나 싶어 실눈을 뜨고 쳐다보지만 삼각주 땅과 거기에 세워진 공단, 아파트, 다리 등으로 인해 쉽게 인식이 안 된다. 때마침 남쪽에서 비치는 햇살이 바다를 만나 윤슬[28]이 눈이 부시도록 반짝

---

28) 햇빛이나 달빛에 물에 비치어 반짝이는 잔물결을 뜻하는 순수한 우리말이다.

인다. 요란스럽게도 보이는 현란한 윤슬은 남쪽 바다를 더 오래 쳐다볼 수 없도록 만든다.

눈을 돌려 도로 건너편의 북쪽을 바라본다. 수문에 의해 갇힌 물이 가득하다. 서낙동강이 호수가 된 모습이다. 파란 하늘과 어울려 눈이 시리도록 짙은 파란색 모습을 유감없이 드러내고 있다. 화려한 파란색이라고나 할까? 가까이 가서 그 맛을 더 느끼고 싶지만 도로에 가로막혀 건너갈 수가 없다. 수문을 가운데 두고 남쪽과 북쪽으로 나뉜 물은 그 모습이 사뭇 다르다. 각자가 받은 햇살을 마음껏 품고 독특한 모습을 뽐내고 있다.

녹산수문이라는 글판

제2수문을 지나 노적봉 옆을 스쳐 제1수문에 왔다. 이것이 1930년대 낙동강 공사 차원에서 대저수문과 함께 만들어진 녹산수문이다. 마침 수문이 시작되는 옆면에 돌판에 새긴 글이 숨은 듯이 보인다.

   녹산수문(菉山水門) 소화 9년 4월 준공(昭和九年四月竣工)

한자로 제목과 날짜를 돌판에 음각으로 새겨 두었다. 소화 9년, 그러니까 1934년의 일이었다.

어정쩡하게 가리어진 녹산수문 글자

당당하게 드러낸 녹산수문 글자

그런데 글판 앞에 이상한 간판이 있고, 철 계단도 만들어져 있다. 아예 글을 가려 놓고 있어 어지간해서는 글판을 찾지 못하도록 해 두었다. 뭔 시설물을 이렇게 만들어 놓았지?

옆으로 비스듬하게 난 틈을 통해 겨우 읽을 수 있다. 그리고 새겨진 글자 중에 '소화(昭和)'라는 글에는 시멘트를 발라 글을 메운 부분이 보인다. 글을 지우려고 한 것이다. 발렸던 시멘트가 일부 떨어져 나가 글이 제법 잘 보인다. 아마 해방 직후 일제의 흔적을 지우고 싶은 뜻에서 이렇게 했을 것이다. 그땐 이렇게라도 하며 일제에 화풀이를 하고 싶었을 것이다.

그러고 보니 글판 앞에 있는 이상한 간판이나 철 계단도 마찬가지임을 알겠다. 일제의 흔적이 보이지 않도록 하기 위해 의도적으로 이 모양으로 설치한 것이다. 일제의 연호가 쓰인 돌판을 어떻게든 지우고 또 가리고 싶었던 것이다. 그런 뜻을 알게 되니 이해는 가지만 반쯤 가려진 모습이 왠지 어색하고 어정쩡하게만 보인다. 좀 다르게 할 순 없었을까? 이런 생각을 하며 제1수문을 지나 수문이 끝나는 지점에 오니 그 옆면에 돌판에 새겨진 또 하나의 글이 있다.

녹산수문 1934년 4월 준공

한글로 된 이 돌판은 수문의 준공 시점과 상관없이 나중에 새긴 글이 분명하다. 여기선 보란 듯이 드러내고 있다. 앞에서 본 한자로 된 글판과 너무나 비교된다. 하나는 가리고 싶고, 하나는 드러내고 싶다. 두

돌판은 그런 의도를 담고 있다.

  그렇지만 반쯤 가려진 돌판 모습이 여전히 거슬린다. 완전히 가리지 못한 모습이 아직도 뭔가를 다 해결하지 못한 모습이다. 어쩌면 일제강점기를 겪으며 지나온 우리 역사의 한 모습을 보는 것 같다. 완전히 지우지도 못하고 다 가리지도 못한 아픈 역사의 모습 말이다.

  이제라도 저 글판을 완전히 가려 버리면 어떨까? 가림글판을 새로 만들어 그 위에 붙인다면 어떨까? 역사의 아픔을 지운다는 의미도 있겠지만 거기에 새로 이름을 부여한다는 의미를 넣으면 더 좋지 않을까? 녹산수문이 아니라 녹산하굿둑으로! 준공 연도는 당연히 1934년이 되겠다.

성산포구에서

  이런저런 생각을 하며 수문의 끝에 서 있다. 수문의 끝에는 작은 포구가 이어진다. 수문이 있어 독특하고 아름다운 포구다. 녹산 성산포구. 수십 척의 배가 대어져 있는 모습이 정겹다. 그런데 수문과 함께 포구 반대편에 보이는 독메인 노적봉이 단장한 듯 솟아 있다. 주변과 어울려 기막히게 매력적인 자태를 뽐내고 있다.

  정말 멋진 장면이다! 한순간 마음을 확 빼앗아 간다. 작은 배들이 대어져 있는 한적한 포구를 배경으로 녹산제1수문과 노적봉이 펼쳐진다. 하늘도 파랗고 바닷물도 파랗고, 포구에 대인 배 색깔도 파랗다.

여기에 파란 색칠을 해 놓은 수문 기둥까지 너무나 잘 어울린다. 야트막한 수문이 다소곳하게 보이고 사각형 하나하나가 잘 짜 맞추어진 것 같은 방파제 둑에서는 안정감이 느껴진다. 둑을 따라 배들이 질서 있게 줄지어 있다.

녹산제1수문과 노적봉이 어우러진 성산포구

무엇보다 노적봉 모습이 걸작이다. 반원 모양으로 솟은 모습이 웅크린 고슴도치 같다고나 할까? 누군가 의도적으로 만들어 놓은 설치 작품이라고 해도 믿겠다. 물과 어울려 있는 절묘한 모습을 보고 또 보게 된다. 노적봉 앞에 있는 아담한 절 또한 운치를 더한다. 모르긴 해도 이 좋은 곳을 배경으로 계획적으로 자리하였을 것이다. 얄밉도록 좋은 자리를 차지하고 있는 생각에 일면, 속에서 일어나는 시샘을 완전히 없앨 수가 없다.

포구의 물은 잔물결 하나 없어 마치 유리판 같다. 그래서 모든 것이 파란물에 반사되어 아른거린다. 손가락으로 잔잔한 유리판을 콕 깨트리고 싶다. '한 폭의 그림 같다!'는 말은 여기를 두고 하는 말이겠다.

이 좋은 광경을 보느라 한참을 서 있다. 그리고 포구와 함께 수문, 노적봉의 모습을 카메라에 담으려고 포구의 제방을 걸어간다. 좀 더 좋은 구도를 잡기 위해 이리저리 왔다 갔다 한다. 그리고 마침내 한 곳에서 카메라를 들이대고 마구 찍어댄다. 이 광경만으로도 여기까지 온 것이 결코 아깝지 않다. 평화로운 어촌이라는 말이 딱 어울리는 곳이다.

삼각주 물관리 센터, 녹산배수펌프장

다시 녹산수문을 지나 노적봉공원으로 되돌아온다. 여기가 서낙동강의 끝이지만 꼭 가 보아야 할 곳이 한 개 더 남아있다. 노적봉공원 앞 도로 건너편에 있는 녹산배수펌프장이다. 대저수문에서 시작하여 녹산수문까지 서낙동강의 갇힌 물을 관리하는 곳이다. 서낙동강을 생각한다면 빼놓을 수 없는 시설물이다.

노적봉공원으로 되돌아가 건널목에서 낙동남로를 건넌다. 건너자마자 유리 벽면으로 뒤덮힌 상당히 웅장한 건물을 맞이한다. 도로를 지나는 자동차에 비해 사람들은 거의 보이지 않고 건물의 출입구조차 찾기가 쉽지 않다. 어렵게 찾아 들어간 1층에 따로 관리자도 없는 작은 전시관이 마련되어 있다. 들어서는 순간 벽에 블라인드로 만들어진 항공사진이 눈에 들어온다. 녹산수문과 노적봉, 그리고 녹산배수펌프장이 나란히 놓여 있는데 서낙동강 강물과 바닷물이 수문에 의해 나뉜 모습이다. 서낙동강 물은 여기까지 흘러 와 있다. 대저수문에서 들어온 물이 여기 녹산수문에 의해 멈추어 있는 것이다. 그리고 이곳 녹산배수펌프장에서 조절되고 있다. 저 사진 한 장이 이곳의 상황을 그대로 보여주고 있다.

전시관 항공사진으로 본 녹산수문

찬찬히 전시관을 둘러본다. 서낙동강과 관련한 수많은 배수펌프장, 수문의 이름이 나열되어 있다. 그 위치도 강서구와 김해 일대를 포함하는 상당한 지역이다. 같이 그려 놓은 지도도 서낙동강과 삼각주 일대를 다 포함하고 있다. 생각했던 것과 달리 뭔가 복잡하다. 왜 저렇게 많은 배수펌프장, 수문들은 다 무엇이란 말인가? 저 많은 것을 모두 관리한

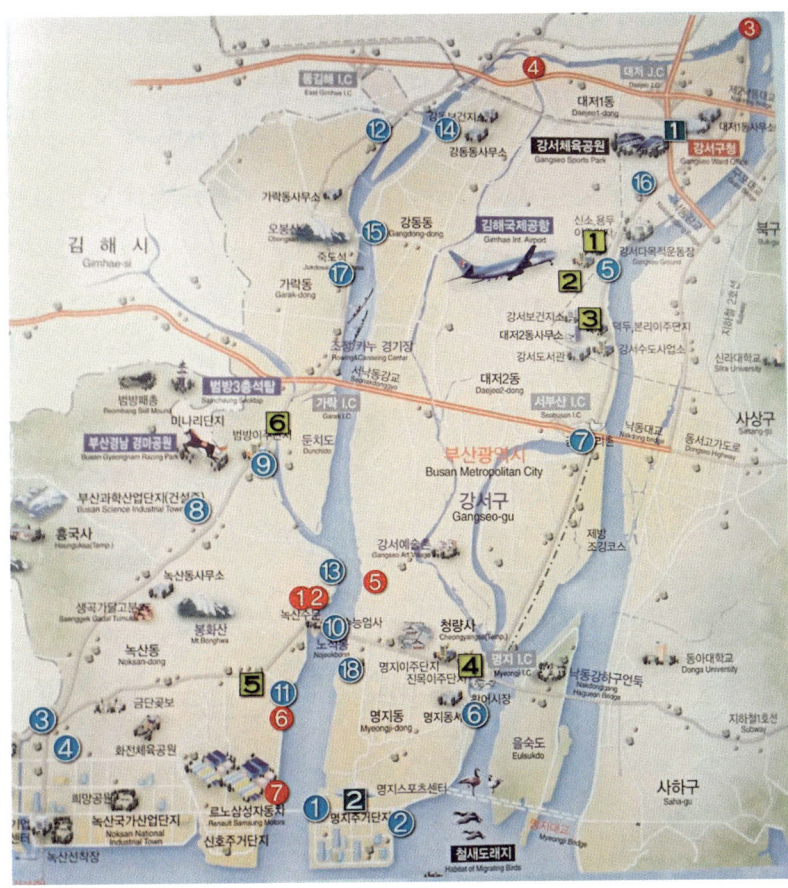

녹산배수펌프장에서 관리하는 시설 위치도(배수펌장 18개 파랑색, 수문7개 빨강색, 지하차도 2곳 감청색, 오수처리장 6곳 노랑색 번호)

단 말인가?

한참을 보면서 전체 상황을 그려보고 나서야 이해가 된다.

녹산배수펌프장의 역할[29]은 단순하지 않다. 일차적으로는 녹산배수

---

29) 녹산배수펌프장은 서낙동강과 배수펌프장 20개, 수문 8개, 오수처리장 6곳, 지하

펌프장 자체 배수 능력30)으로 서낙동강의 물을 조절하는 일을 감당한다. 그 외에 녹산수문, 대저수문을 비롯하여 서낙동강과 연결되는 하천과 수문, 배수장 전부를 관리하고 있다. 달리 말하면 낙동강 삼각주 지역 대부분의 물관리를 이곳에서 한다는 것이다. 대단한 시설이다. 자연 상태의 삼각주를 사람이 좀 더 살만한 곳으로 만들기 위해 드리우기 시작했던 인공의 힘, 그 힘을 통해 삼각주를 유지하는 일이 곳곳에서 이뤄지고 있는데 이곳은 그 통제 센터인 셈이다.

삼각주는 물에 의해 형성된 땅, 물이 늘 가까이 있는 땅, 하지만 여전히 물을 다스리고 물을 관리하지 않으면 물의 위협이 있는 땅이다. 그런 땅을 물 걱정 없이 그냥 육지와 같이 오갈 수 있게 만들었다. 아무런 거리낌 없이 사용할 수 있다. 그 중요한 역할의 중심이 이곳이다. 바꾸어 생각해보니 삼각주 이야기를 하면서 이곳을 모르면 삼각주를 말하는 것이 아니겠다 싶다. 겉으로 보이는 수문만큼이나 그 속을 관리하는 이곳 배수펌프장의 역할도 중요한 셈이다.

전시관을 한참 서성였더니 지나던 관계자 한 분이 말을 걸어준다. 그리곤 3층에 있는 서낙동강 물관리 전체를 운영하는 녹산배수펌프장 종합운영센터 상황판 시설이 있는 곳으로 안내한다. 이 상황판을 보는 순간, 모든 것이 순식간에 이해가 된다.

지금 시대에 맞게 자동화 시설을 바탕으로 원격제어를 통해 관리하

차도 5곳까지 관리한다.(전시관에는 2010년 자료에 의해 배수펌프장 18개, 수문 7개, 오수처리장 6곳, 지하차도 2곳을 소개한다.)
30) 녹산배수펌프장의 배수 용량은 12,000㎥/min으로 나머지 19개 배수펌프장의 배수 용량을 모두 합친 것과 맞먹는다.

고 있는 현장이다. 이곳에서 상황판을 읽고 일일이 수문과 배수장을 통해 물을 들이고 내보내는 일을 하고 있다. 더 중요한 것은 일기예보에 따라 비가 오기 전에 미리 물을 내보내고, 가뭄이 들기 전에 물을 확보하는 일까지 쉽지 않은 일을 하고 있다. 이렇게 관리하고 있기에 삼각주가 지금의 모습으로 유지된다. 아무도 그 옛날 모래톱 땅으로 여기지 않는다. 그냥 육지로 여기고 살아갈 수 있게 한다.

녹산배수펌프장 종합운영센터

관계자에게 감사의 인사를 하고 건물을 나와 강물이 보이는 건물 뒤쪽으로 간다. 눈이 시리도록 푸른 서낙동강 물이 한가득 고여 있고, 건물에 딸린 거대한 시설물이 있다. 강에 떠내려 온 쓰레기 제거에 쓰이는 제진기[31] 시설이다. 이런 것이 서낙동강을 통제하고 있다. 나아가 삼각주를 유지하고 있다.

녹산배수펌프장의 제진기 시설

자연의 힘을 다스리기 위해 드리워졌던 인공의 힘, 그것은 한 번으로 끝이 아니었다. 계속되는 자연의 힘을 다스리기 위해 인공의 힘 또한 계속 드리워야 했다. 지금까지도 그 힘은 계속된다. 인공의 힘을 대표하는 장소가 이곳이다. 그래서 중요한 시설이다. 우리가 잘 알지 못하는 사이에도 그 힘은 계속되고 있고 앞으로도 그럴 것이다.

---

31) 제진기란 양수장이나 배수장 입구, 수로 등에 들어오는 쓰레기를 스크린에 걸러 제거하는 기계장치이다. 녹산배수펌프장은 조목제진기(1차 제거)와 세목제진기(2차 제거)가 설치되어 이중으로 걸러내고 배수를 한다.

그렇다면 이곳의 역할을 좀 더 부각시켰으면 좋겠다. 보다 많은 사람들이 이곳 물 관리 상황을 인식할 수 있으면 좋겠다. 여기서 제대로 물을 관리하고 있기 때문에 누리는 혜택을 깨닫고 또 무엇보다 이곳이 삼각주이기 때문에 이런 물관리가 지속적으로 필요하다는 것을 알고 갔으면 좋겠다.

다시 건물 앞으로 온다. 처음 들어올 땐 배수펌프장 치고는 괜히 건물만 웅장하다고 여겼는데, 삼각주 전체의 물 관리를 하는 엄청난 기계시설이 들어앉아 있다고 생각하니 충분히 그럴만하다고 여겨진다. 그런 기계시설이 전면 유리벽으로 된 현대식 건물 속에 들어 있다. 처음 보는 사람은 이게 무슨 관공서인가 하고 착각하지만, 기계시설이 먼저 드러날 때 느껴지는 거부감을 덜어주기 위하여 만들어진 건물이라고 하니 그 아이디어가 신선하게 느껴진다. 건물 앞길에는 사람들이 전혀 보이지 않고 지나는 차들만 요란한 소리를 내며 무심하게 달린다.

건널목을 건너 노적봉공원에 돌아와 섰다.

서낙동강을 따라 달려온 끝자리다. 처음 출발할 땐 삼각주의 자연을 껴안고 싶은 마음이 있었다. 펼쳐진 들판과 강물이 어우러진 천혜의 자연을 느낄 수 있을 것이라는 생각이 있었다. 예상대로 예안리, 죽도산, 둔치도를 거치면서 삼각주의 자연이 가진 독특한 맛을 충분히 담을 수 있었다. 펼쳐진 들판 속에 농사를 지으며 살아가는 평화로운 모습 또한 잘 볼 수 있었다. 하지만 변화한 모습 또한 또렷이 볼 수 있었다. 들판에 지어진 거대한 비닐하우스는 물론, 수없이 들어선 공장 건물들이 있었고, 산업 물량을 실어 나르는 큰 도로, 게다가 산업단지까지 들어서 있었다. 기름진 들판 삼각주가 자연의 모습으로만 그냥 남아있지 않았다. 그렇게 요동치며 변화하고 있었다.

    여기 노적봉공원 주변은 더욱 그런 것 같다. 속속 생겨나는 새로운 건물들, 변하는 모습이 바로 눈에 들어온다. 멀리 명지 쪽엔 아파트 단지가 우뚝 서 있고, 녹산·신호산업단지의 공장 지붕도 보인다. 바다를 가로지르는 웅장한 다리, 신호대교의 모습이 감지되는가 하면, 반대편 길 건너 눈앞에선 에코델타시티를 건설하기 위한 택지 정리, 아파트 건설 공사도 이뤄지고 있다. 공원 앞을 오가는 8차선 낙동남로는 이러한 상황을 반영하는 듯 쉴 새 없이 차들이 오간다. 부산의 산업화, 도시화의 힘이 삼각주에 밀어닥치고 있다. 아니 이미 뒤덮고 있다.

3장_삼각주 변화의 현장, 명지

명지는 낙동강 삼각주의 남쪽에 위치한다. 모래톱이고 섬으로 여겨졌을 때는 명호도라고 이름했다. 삼각주 전체에서 대저 다음으로 육지화 되어 일찍 주민들이 거주했다.

처음 주민들은 소금밭을 일구며 살았다. 이곳에 방조제와 배수장, 정수장이 갖춰지면서 농경지로 변했다. 그 속에서 '명지대파'라는 브랜드 작물이 탄생했다. 실로 엄청난 변화였다. 하지만 지금은 더 크게 변하고 있다. 농경지가 신도시로 되어간다. 고층 건물로 뒤덮여 가고 있다.

구석구석을 누비며 변하는 삼각주 명지의 모습을 느껴보자.

①노적봉공원→(2km 차량 5분)→②명지 파밭→(400m 차량 2분)→③해척마을→(1.2km 차량 4분)→④평성마을→(1.5km 차량 5분)→⑤신전포구→(1km 차량 3분)→⑥하신수문→(1.5km 차량 5분)→⑦명지 땅끝→(4.0km 차량 10분)→⑧대형마트 옥상전망대→(6.3km 차량 15분)→⑨에코델타시티 전망대

노적봉공원에서 이순신을 만나다

　노적봉공원 한가운데에는 사진(89쪽)과 같은 비석이 있다. 예사롭지 않은 모양에 비석 글도 단순하지 않다. 공원 안의 산책길도 이 비석을 향하도록 의도적으로 만들어 놓았다. 분명 어떤 중요한 의미를 담고 있는 것 같다. 뭘까?

　한자로 된 글귀는 쉽게 눈길이 가지 않는다. 그만큼 한자와 거리감이 있는 시대를 살고 있는 까닭이다. 웬만한 사람이 아니고는 도무지 읽혀질 것 같지 않다.

　적힌 글 몇 자를 따서 검색해 본다. 맨 아래에 있는 쉬운 글자 초목지(草木知)를 검색어로 넣어 보니 이순신 장군과 관련한 이야기가 펼쳐진다. 이순신 장군이라… 왠지 마음이 긴장된다. 그러면서 관련 내용을 자세히 살펴 나가는데, 글의 의미를 알아갈수록 긴장감뿐만 아니라 안타까움이 생기는가 하면 울분이 솟아오르고 숨이 멎는 듯한 비장함에 마음이 미어지기까지 한다.

　그렇구나! 그런 의미구나! 글의 의미를 알고 비석의 글을 다시금 쳐다본다. 글에 담긴 이순신의 뜻이 다가온다. 한참을 그렇게 떨리는 마음으로 서 있는다.

　비석의 글은 다음과 같은 뜻이다.

　　"서해어용동 맹산초목지(誓海魚龍動 盟山草木知) 바다에 맹서하니 물고기와 용이 감동하고, 산에 맹세하니 풀과 나무가 알아준다."

노적봉공원의 비석

이순신 장군의 '진중음(陣中吟)¹⁾'이란 시 가운데 있는 글귀다. 줄여서 '서해맹산(誓海盟山)'으로 더 알려져 있다. 시의 제목인 진중음(陣中吟)이란 '전쟁에서 진을 치고 있을 때 읊조리다'는 의미이고, 서해맹산(誓海盟山)은 '바다에 맹세하고 산에 맹세한다'는 의미다.

임진왜란을 치르면서 이순신 장군이 자신의 마음을 담아 읊은 시 속의 한 구절인데, 그 핵심은 무언가를 맹세하고 또 맹세하였다는 것이다. 전쟁에 내몰린 시대의 상황이 떠오르고 그 속에 뒤엉킨 장군의 입장을 생각하면서 저 다짐이 장군의 오롯한 심정이었다는 것이 느껴진다. 크게 숨을 들이키고 마음을 진정하여 비석의 글자를 하나하나 보면서 다시 이 시의 전체 내용을 정리해 본다.

임진왜란이 일어나 동래(부산)의 주민이 몰살당하고 보름 만에 서울이 함락되고, 급기야 임금이 도망가고 왕자가 피난 갔을 즈음, 그리하여 조선의 국운이 완전히 위기에 내몰렸을 때, 그래도 남해안 바다만은 장군의 품에서 온전히 보전되고 있었다. 이때 장군은 이 시를 썼다.

시의 마지막 구절은 장군이 무엇을 맹세하였는지 또렷이 밝히고 있다. 내용은 다음과 같다.

---

1) 〈陣中吟 진중음〉
　　天步西門遠 천보서문원 임금의 행차는 서쪽으로 멀어지고,
　　君儲北地危 군저북지위 왕자는 북쪽 땅에서 위태롭다.
　　孤臣憂國日 고신우국일 외로운 신하는 나라를 걱정할 날이요,
　　壯士樹勳時 장사수훈시 사나이는 공훈을 세워야 할 때이다.
　　誓海魚龍動 서해어룡동 바다에 맹세하니 물고기와 용이 감동하고
　　盟山草木知 맹산초목지 산에 맹세하니 풀과 나무가 알아준다.
　　讐夷如盡滅 수이여진멸 원수를 모두 멸할 수 있다면
　　雖死不爲辭 수사불위사 비록 죽음일지라도 사양하지 않으리라.

"수이여진멸(讐夷如盡滅) 이 원수들을 다 죽일 수 있다면,"
"수사불위사(雖死不爲辭) 비록 죽을지라도 사양하지 않으리라."

　죽음을 각오하고 있다. 죽음을 내어놓고 전쟁을 치르겠다는 것이다. 그렇다면 비석 글귀의 맹세는 죽음의 맹세를 담은 것이다.
　어떻게 이런 표현을 할 수 있을까? 나라를 위해 충성한다는 것이 이런 것일까? 어쩌면 한 나라의 장군으로서 전쟁 앞에서 마땅한 각오 정도로 봐도 좋을까? 그러나 문제는, 이렇게 다짐을 해 놓았기 때문인지 장군은 그 다짐대로 임진왜란 끝자락에 죽음으로 끝맺었다. 표현된 싯구의 내용 그대로 이뤄져 버렸다. 이러한 사실이 할 말을 잃게 한다.
　시를 쓰는 장군의 입장에서는 자신의 다짐 정도를 시로 표현한 것이 아니었을까? 하지만 그 다짐대로 죽었다는 사실을 아는 입장에서 보니 이 시가 단순한 다짐으로 보이지 않는다. 진실로 죽음을 앞에 두고 써 내려간 것 같은 비장함이 느껴진다. 무슨 '유언장'과 같다. '나는 이렇게 죽겠노라'라고 외치는 선언문과 같이 느껴진다.
　또 죽음을 향해 나아간다는 입장에서 보니 장군은 이 전쟁에서 죽는 것을 운명으로 받아들이고 있는 것이 아닌가 하고 조심스럽게 짐작하게 된다. 죽음을 각오하고 전쟁에 임하겠다는 마음 너머에 죽음의 길로 나아가야 한다는 숙명적 존재감이 느껴진다. 참으로 그랬을까? 장군 자신은 전쟁에서 죽어야 하는 숙명을 느꼈던 것일까? 그랬기에 이런 시를 남겨 놓을 수 있었던 것일까?
　이런 생각에 이르니 숨이 막힌다.

그런데 이것만이 전부가 아니다. 시의 앞부분에는 이런 이야기가 있다.

"천보서문원(天步西門遠) 임금의 행차는 서쪽으로 멀어지고,"
"군저북지위(君儲北地危) 왕자는 북쪽 땅에서 위태롭다."
"고신우국일(孤臣憂國日) 외로운 신하는 나라를 걱정할 날이요,"
"장사수훈시(壯士樹勳時) 장군은 공훈을 세워야 할 때이다."

이런 죽음을 다짐하는 시점이 임금이 도망가고 왕자가 피난 간 때임을 이야기하고 있다. 사실 도망간 임금은 여차하면 나라를 버리겠다는 상황이었다. 임금이 없는 나라에는 일개 장군이 충성해야 할 대상도 없는 것이다. 그래서 자신을 '외로운 신하'라고 표현하고 있다. 장군은 이런 상황에 죽음을 다짐하고 있다. 한 나라의 장군이 전쟁에서 죽으면 충신이었다고 그 죽음을 영광스럽게 칭송할 것이지만 임금이 없고, 나라가 없으면 그런 영광조차 기대할 상황이 아님을 전제로 하고 있다. 즉, 자신이 죽는 것은 나라에 충성하는 것과 관련이 없다는 의미이다. 장군의 죽음을 향한 맹세는 오직 자신을 향한 외침이었을 뿐이다. 마음 속 깊이 자신을 향한 다짐이었다. '죽어야 한다면 죽는다'는 장군의 도리를 숙명으로 받아들이는 참으로 처절한 자기 다짐인 셈이다.

이런 처절한 다짐을 그 어디도 아닌 바다와 산을 두고 하였다는 것이 바로 비석에 쓰인 싯구이다.

"서해어용동(誓海魚龍動) 바다에 맹세하니 물고기와 용이 감동하고,"

"맹산초목지(盟山草木知) 산에 맹세하니 풀과 나무가 알아준다."

바다와 산이 무슨 맹세를 들어주겠으며, 물고기와 용, 풀과 나무가 뭘 감동하고 뭘 알아주겠는가! 당연히 역설적인 표현이다. 이는 임금도, 왕자도, 다른 어떤 인간들도 동의해 주지 않고 알아주지 못할지라도 나의 길을 간다는 의지를, 역설적이게도 알아듣지도 못하는 존재를 향한 맹세로 나타낸 셈이다. 결국 인간에게 기대하지 않겠다는 의미이지 않은가!

임진왜란이 일어나기 전 장군은 여러 관직을 거치면서 불법과 불의가 난무하는 세상에서 올곧게 산다는 것이 얼마나 어려운지 이미 짐작하고 있었다. 변덕스러운 인간들, 자신의 당리당략을 앞세워 옳고 그름을 손 뒤집듯 하는 인간에게는 결코 아무것도 기대할 수 없었을 것이다. 그랬기에 맞닥뜨려진 전쟁의 현실 앞에서 오로지 나의 길을 갈 수밖에 없다는 마음을 다진 것이다. 그래서 이 시는 여태껏 살아온 장군 자신의 삶에 대한 결론적이고도 당당한 다짐이라고 할 수밖에 없다.

그랬기 때문일까? 장군은 이후 전쟁 중 모함을 받아 백의종군의 길을 걸을 때에 어떠한 반항도 하지 않는다. 자신의 공적이 그렇게 많았어도 하소연하거나 항변하는 일이 없었다. 이미 어떤 죽음일지라도 각오했기 때문이었을 것이다.

장군은 이런 마음을 안고 7년간의 전쟁을 이어갔다. 수없이 많은 전쟁에서 승리를 쟁취했음에도 단 한 번도 승리에 도취 되지 않았던 것도 여전히 죽음을 각오하고 있었기 때문이다. 어쩌면 자신을 이 전쟁 속에서 이미 죽어버린 존재로 인식하고 있었을지도 모르겠다. 그랬기에 이토록 담담하게 모든 것을 받아들일 수 있지 않았을까?

다시 비석의 글을 읽자니 여전히 몸이 떨린다. 자신의 소신을 담은 시가 그대로 자신의 인생에 투영되어 버렸다. 자신을 향한 예언적인 시가 되어버렸다. 이순신 장군에 대한 수많은 전적이나 전승에 대한 기록들은 늘 우리를 감동케 하는 것이지만 여기서 느끼는 감동은 또 다르다. 왜 이순신 장군을 수없이 언급하는지 다시 한 번 확인하게 된다. 그래서 아무리 많이 언급해도 결코 지나치지 않다는 것을 깨닫는다.

마침 비석의 아래편에 비석을 만든 것과 관련하여 몇 사람의 이름이 보인다. 그중 '글쓴이 한형석2)'이라는 이름은 알겠다. 부산의 대표적인 독립운동가다. 음악가이자 예술가였기에 오페라와 독립운동가3)를 지으며 독립운동을 했다. 자신이 가진 재능을 살려 자신의 방법으로 민족과 나라를 사랑하셨던 분이다. 이분이 친히 글을 써 놓았다는 것도 의미 있게 와 닿는다.

그리고 보니 노적봉공원에 비석을 세워놓았다는 것도 의미가 있다. 노적봉(露積峰)은 임진왜란 당시 왜군이 쳐들어올 때 이 섬 전체를 볏

---

2) 한형석은 일제강점기 광복군에서 활약한 독립운동가다. 상하이[上海]의 신예(新藝) 예술대학에서 작곡 등을 공부하였다. 한국청년전지공작대의 예술조장, 광복군 제2지대 선전대장 등으로 복무하면서 작곡과 가극 활동을 하여 침체된 무장 항일투쟁에 활기를 불어넣었다. 건국훈장 애국장을 받았다. (두산백과)
3) 한형석의 오페라는 「아리랑」, 독립운동가는 「압록강 행진곡」 등이 있다.

짚으로 둘러씌워 노적가리로 위장했다고 해서 붙여진 이름이다. 군량미가 충분한 것처럼 해 놓음으로써 왜군이 놀라 도망가게 했다는 전설에서 비롯되었다. 노적봉 전설에 등장하는 지도자가 이순신 장군이다. 비록 역사적 사실에서는 이순신 장군이 이곳을 스쳐 지났을 수는 있으나[4] 주둔한 적이 없었으므로 전설이 사실과 일치된다고는 할 수 없다. 그렇다고 이 노적봉 이야기를 거짓말이라고 치부해 버릴 수 없는 것은, 이순신 장군은 전설을 만들어 낸 사람들의 마음속에 살아있는, 소위 전설적인 분이기 때문이다.

　노적봉 이야기는 이곳 부산의 노적봉뿐 아니라 남해, 목포에 있는 노적봉에서도 똑같은 전설이 전해 온다. 당연히 이순신 장군이 등장한다. 어떻게 생각하면 상식적으로 이해되지 않는 이야기지만, 그럼에도 불구하고 이렇게 전설로 이어져 오는 것은 이순신 장군의 마음을 끌어안고 살아가고 싶은 우리 민중들의 마음이 녹아 있기 때문이다. 남해안에 퍼져있는 수많은 장군의 공적만큼이나 의미 있는 이야기를 우리 가까이서 만들어 우리의 삶 속에 투영시키고 싶던 것이다. 그래서 다소 이해되지 않는 이야기가 만들어지고 그것이 사실이라고 퍼져나가도 충분히 동의할 수 있는 전설이 되어버린 것이다. 그만큼 민중에게 감동을 준 분이 바로 이순신 장군이기 때문이다. 누가 이런 분의 전설을 마다하겠는가!

---

[4] 난중일기 1593년 2월 18일 자에는 가덕, 웅천, 김해강이라는 지명과 함께 독사리목(禿沙伊項)이라는 녹산과 관련된 지명이 나온다. 하지만 이곳에 배를 대고 전투를 준비하거나, 무리를 통솔했다는 이야기는 없다.

명지 땅 옛 이야기

　노적봉공원에서 이순신 장군에 대한 감동을 안고 명지 땅을 바라본다. 둑과 바다 너머로 펼쳐진 명지 들판의 모습이 보인다. 이순신 장군이 전쟁을 치르던 시절 이곳 명지는 어떤 모습이었을까? 사람이 살고 있었을까? 아니면 바닷물만 넘실대는 곳에 노적봉만 딸랑 섬으로 있는 곳은 아니었을까? 어쩌면 바다 밑에서 모래톱이 살짝 고개를 내밀거나 갯벌이 뒤덮여 있었는지도 모르겠다.

노적봉공원에서 본 명지국제신도시

　그러면 명지 땅은 언제 형성이 되었을까? 언제부터 사람이 살게 되었을까? 명지 땅으로 들어가기 전에, 명지 땅이 만들어지고 주민들이 들어가 사는 과정을 옛 기록에 근거하여 정리해 본다. 그 내용은 다음과 같다.

먼저 명지에 대한 첫 기록은 조선 초기에 만들어진 『경상도지리지』5)에서다. 경상도의 여러 섬[諸島]을 설명하는 가운데 다음과 같이 등장한다.

"명지는 육지에서 수로로 30리에 있으며 본래 농사짓는 곳이 없다."6)

지리지에 기록된 조선 초기에 명지는 섬이 형성되어 있었지만 '농사짓는 곳이 없다'는 것을 말하고 있다. 농토가 없다는 것은 사람이 살고 있지 않다는 이야기와 같겠다. 명지는 사람이 살지 않는 섬인 것이다. 이렇게 명지를 사람이 살지 않는 섬으로 설명하는 것은 조선 전기의 대부분의 글에서도 마찬가지다.

조선 전기 대표적 지리지인 『신증동국여지승람』7)에서는 다음과 같이 설명한다.

"명지도(鳴旨島)는 관아 남쪽 바다 복판에 있는데 물길로 40리 거리이다. 동쪽으로

---

5) 『경상도지리지』는 세종 6년(1424) 경상도 관찰사 하연(河演)이 편찬한 현존하는 조선 최초의 지리지다.
6) 『경상도지리지』에서 여러 섬을 기록하면서 명지를 설명하고 있다. 원문은 다음과 같다. "鳴旨 陸地相距水路三十里 本無農場"
7) 『신증동국여지승람』은 조선 전기의 대표적인 지리지이다. 조선 성종 때 편찬된 지리지인 『동국여지승람』을 수정·보완하여 중종 25년(1530)에 만들어졌다. 전국지리지의 완성판으로 조선 말기까지 큰 영향을 끼친 지리지이다.

취도와는 2백 보쯤 떨어져 있으며 둘레는 17리이다. 큰 비나 큰 가뭄, 큰 바람이 불려 하면 반드시 우는데 그 소리가 어떤 때는 우레 같고 북 소리나 종소리와 같기도 하다. 그러나 이 섬에서 들으면 그 소리가 또 멀어서 우는 소리가 어느 곳에서 나는지 모른다."[8]

일정한 크기의 섬이 있다는 것을 밝히면서 명지라는 이름의 기원을 이야기하고 있다. 분명한 것은 주민의 거주에 대한 이야기는 전혀 없다. 그러므로 임진왜란 이전 조선 전기의 명지는 일정한 섬의 형태는 갖추어졌으나 아직은 사람이 들어가 살만한 곳은 아니었던 모양이다. 바닷속 모래톱이 뭍으로 드러난 후 점점 굳어져 가는 과정이었다고 볼 수 있다.

하지만 조선 후기에 기록된 글에서는 좀 다르다. 다음은 영조때 편찬된 『여지도서』[9]의 명지에 관한 내용이다.

"명지도는 관아 남쪽 바다 가운데 있고 물길로 40리 거리다. …(중략)…『신증동국여지승람』의 내용과 같음 ~ 이 섬에서 들으면 그 소리가 멀어서 우는 소리가 어느 곳에서 나는지 모른다. 취도로부터 흘러와 큰 바다를 이룬다. 소금 굽는 일을 생업으로 삼고 있다."[10]

---

8) 『신증동국여지승람』(1530)의 「김해도호부」 산천 부분에서 명지도를 설명하고 있다. 원문은 다음과 같다. "鳴旨島 在府南海中水路四十里 東隔鷲島二百步許 周十七里 將大雨大旱大風則必鳴 其聲或如雷如鼓如鐘 然若在此島聞之則其聲又遠未知鳴在何處"

9) 『여지도서』는 조선 후기의 대표적인 지리지이다. 영조 때인 1757년~1765년에 각 읍에서 제작한 읍지를 모아 편찬한 전국 지리지인데, 39개 읍만 누락 되었다. 조선 전기의 지리지인 『신증동국여지승람』을 고치고 수정하여 계속 이어가려고 만든 지리지이다.

10) 『여지도서』(1757~1765)의 「김해도호부」 산천 부분에서 명지도를 설명하는 내용이다. 『신증동국여지승람』에서의 내용과 거의 같으나 뒷부분에 내용이 약간 추가되었다. 원문은 다음과 같다. "鳴旨島 在府南海中水路四十里 東隔鷲島二百步許 周十七里 將大雨大旱大風則必鳴 其聲或如雷如鼓如鐘 然若在此島聞之則其又遠未知鳴在何處 自鷲島來注爲巨海煮鹽爲業"

『신증동국여지승람』에서 기록한 지리적 상황을 그대로 인용함과 동시에 마지막에 한 가지를 추가하여 '소금 굽는 일을 생업으로 삼고 있다'고 설명하고 있다. 이는 소금 생산하는 일을 하는 사람들이 명지 땅에 들어가 살고 있다는 것을 의미한다. 결국 조선 후기가 되어서야 모래톱 땅 명지는 사람들이 살만한 땅으로 변하였고 주민들이 들어가 살게 되었다[11]고 볼 수 있다.

처음 명지 땅에 들어간 주민들은 소금을 생산하며 살았다. 이를 달리 말하면 농사지으며 살 수는 없었다는 의미이다. 모래톱과 같은 땅은 겨우 발만 붙이고 살 수 있을 뿐 농작물을 생산할 여건이 안 되었던 것이다. 가까이 바닷물에 의한 염해 피해와 해마다 낙동강의 홍수 위험도 존재하고 있었다. 무리하게 농사를 지었다간 자연재해의 피해를 입는 것이 일상적이었다. 그러니 농사보다 오히려 소금을 생산하는 것이 명지 땅 자연환경에 적합한 일이었다고 할 수 있다.

어려운 자연환경 속에 궁여지책[12]으로 시작된 소금 생산은 이후 명지 사람들의 삶에 매우 큰 도움이 되었던 것 같다. 소금을 생산하여 얻은 이익이 명지 사람들을 꽤나 부자로 살게 했기 때문이다. 이 사실은 조선 말기에 편찬된 김정호의 『대동지지』[13]에서의 설명에서 잘 알 수

---

11) 명지 지역에 사람이 거주하기 시작한 것에 대한 이야기는 청량사 연혁 안내판에서 지금부터 300년 전쯤이었던 것으로 기록하고 있다. 이는 『여지도서』에서 명지에 사람이 살고 있다고 기록한 시기와 다르지 않다. 청량사는 명지 땅에서 가장 크고 오래 유지되어 온 절이다.
12) 궁여지책(窮餘之策)이란 '궁한 끝에 나온 꾀'라는 의미로 '위기 속에서 겨우 생각해 낸 대책'을 말한다.
13) 『대동지지』는 대동여지도를 만든 김정호가 편찬한 지리지이다. 1863년까지의 내용이 기록되어 있다.

있다.

> "명지도는 남쪽 40리 수로 20리 둘레 70리[14]다. 동쪽으로 취도와 200보쯤 떨어져 있다. 소금 굽는 일이 최고로 성하여 모여 사는 백성들은 부유하고 번성하다."[15]

명지의 지리적 상황과 함께 '소금 굽는 일이 최고로 성하다' '모여 사는 백성들은 부유하고 번성하다'고 하며 주민의 삶이 매우 풍요롭다는 것을 기록하고 있다. '소금을 굽는다'는 것은 우리나라 전통적인 소금인 자염(煮鹽)을 만드는 것을 의미한다.[16] 당시 생산된 명지의 소금은 낙동강을 따라 연안의 내륙 지역으로 팔려나가며 많은 수익을 올리게 해 주었다. 한때 나라에서 이곳에 공염제도를 시행[17]했을 정도로 그 이익이 대단했던 것이다.

호황을 누렸던 명지의 소금 생산은 근대화와 함께 천일제염이 등장하면서 점차 밀려나게 된다. 소금의 대량생산 방식을 따라갈 수가 없었기 때문이다. 그리하여 명지 염전은 점점 줄어가다가 20세기 중반에 중단된 것으로 알려진다.[18]

---

14) 조선 전기에 둘레가 17리라고 기록된 것이 여기서는 70리로 기록되어 있다. 명지라는 모래톱이 시간이 지나면서 점점 커진 것이 아닌가 싶지만 둘레가 70리면 지금의 명지의 크기보다도 지나치게 크기 때문에, 아마 17[十七]을 70[七十]으로 잘못 표기한 것으로 여겨진다.

15) 『대동지지』의 「김해」 도서(섬) 부분에서 명지도를 설명하는 내용이다. 원문은 다음과 같다. 鳴旨島 南四十里水路二十里周七十里 東隔鷲島二百步許 煮鹽最盛 閭閻富繁

16) 자염(煮鹽)은 바닷물을 끓이고 졸여서 소금을 생산하는 것을 말한다.

17) 공염제도란 소금의 생산과 판매를 국가에서 관할하는 제도이다. 명지 지역엔 영조 10년(1734)~순조 19년(1819)까지 공염제도가 실시되었다.

18) 명지 지역 소금 생산에 대해서는 강서구지편찬위원회, 2014, 『강서구지』 제2권,

천일제염에 밀려 소금 생산에 어려움을 겪던 명지 땅은 1930년대 낙동강 공사 이후 커다란 변화를 겪는다. 대저수문, 녹산수문이 건설되던 이때 명지 땅을 둘러싸는 명지방조제가 같이 건설되었다.[19] 이는 바닷물이 명지 땅에 들어오는 것을 가로막아 주는 중요한 시설물이었지만 더 이상 소금밭을 유지할 수 없게 만들었다. 명지 땅은 점차 농경지로 바뀌어 갔다. 주민의 삶도 생업이 염업에서 농업으로 바뀌는 엄청난 변화를 겪게 되었다.

명지 지역을 농경지로 개간하자 한 가지 문제가 발생했다. 철새도래지가 가까워 철새들에 의한 농작물 피해가 심각했다. 일반적인 곡식이나 채소를 키워낼 수가 없었다. 그런데 매운맛이 강한 대파만은 철새가 건드리지 않았다고 한다. 결국 대파를 집중적으로 재배하게 되면서 이후 명지대파[20]라는 유명한 지역 브랜드 작물이 탄생하게 되었다. 소금에 이어 열악한 지역 환경 속에서 궁여지책으로 탄생한 작물이었다. 전국적으로 알려지면서 명지 대파는 명지 주민들을 또 한 번 풍요롭게 해주었다. 명지대파의 명성은 최근까지도 이어지고 있었지만 부산의 도시화와 산업화에 밀려 재배지역이 줄어들면서 점점 쇠퇴해 가고 있다.

명지, 바다였던 곳에 모래톱이 생겨 모래섬이 되었다가 소금밭으로

137-158쪽 참조.
19) 명지 지역 방조제 건설에 대해서는 강서구지편찬위원회, 2014, 『강서구지』 제2권, 125-136쪽 참조.
20) 1970년대 명지대파는 전국 생산량의 60~70%를 차지할 정도로 전국적인 명성을 얻었다. 처음으로 정부 품질 인증 농산물로 지정되는 등 강서구의 대표적 특산품이자 부산의 대표적 농산물 브랜드 역할을 하였다.

변하더니 그것이 또 변하여 농경지가 되었다. 그리고 여러 다리가 놓이고 도로가 이어지면서 육지와 다름없는 땅이 되었다. 지금은 명지를 그 옛날의 모래톱 섬으로 보는 사람은 아무도 없다. 엄청나게 많이 변한 셈이다. 하지만 이것으로 끝이 아니다. 육지화 된 드넓은 들판 명지 땅에 신도시 아파트 숲이 만들어지고 있다. 명지국제신도시, 에코델타시티가 들어서고 있다.

이런 변화의 땅으로 들어간다. 과연 어떤 모습을 볼 수 있을까? 모래톱 흔적은 남아 있을까? 소금밭의 흔적은 볼 수 있을까? 파농사 지역은 완전히 없어져 버렸을까? 신도시 명지는 또 어떤 모습일까? 그 변화의 모습을 또렷하게 확인하고 싶다. 가까운 곳부터 발 닿는 곳으로 차근차근 들어가 보자.

2021년에 본 마지막 명지 파밭[21]

노적봉공원을 나와 동쪽을 향해 낙동남로로 접어들면 삼각주 명지 땅에 들어선다. 도로가 잘 되어 있어 이곳이 육지인지, 삼각주인지 구분이 안 되는 게 사실이다.[22] 그러나 조금만 신경을 쓰면 수문이 있는

---

21) '2021년에 본 마지막 명지 파밭' 이야기부터 '해척마을과 수로의 흔적', '모래톱 마을의 흔적, 평성마을' 이야기까지(102~115쪽)는 2021년 5월까지 있었던 상황의 글이다. 신도시 개발지로 변하기 직전의 모습이다. 2024년 현재 이곳은 개발 예정지로 묶여 잡풀이 무성한 빈터로 남아 있다.
22) 녹산수문과 방조제는 부산시 강서구 녹산동의 육지와 부산시 강서구 명지동의 삼각주 지역을 연결하고 있다.

데, 강물이 보이고, 평지도 만나고 하는 차이를 통해 삼각주 속으로 들어섰음을 알 수 있다. 낙동남로에서 곧바로 명지국제1로를 만나 우회전하여 남쪽으로 간다. 이 길을 따라 남쪽으로 명지 땅 삼각주 깊숙이 들어간다.

6차선으로 된 명지국제1로, 새롭게 만든 넓은 도로가 휑하니 뚫려 있다. 멀리 신도시 건물이 보이지만 6차선 길에 아직 차량이 많지는 않다. 대규모 거주 지역으로 변할 것을 대비해 놓은 모습이다. 명지 들판 끝에 세워진 거대한 신도시 아파트가 성큼 다가와 보인다. 순간, 아파트 쪽으로 눈이 가다가 길의 바로 아래 동쪽으로 펼쳐진 들판의 파밭이 눈길을 사로잡는다.

이곳이다. 명지대파로 유명했던 명지의 파밭 지역이다. 삼각주의 평지에 펼쳐져 있다. 주위의 신도시 개발과 어울리지 않은 채 마지막으로 남은 듯한 파밭 평지가 신기하다. 저 모습을 카메라에 담아야겠다는 생각에 유턴을 하여 도로 언덕 아래 낮은 지대인 파밭 가까운 곳에 차를 대고 내려 카메라를 들이댄다. 예상했던 것과 같이 파밭과 함께 멀리 아파트 단지가 성벽처럼 다가온다. 한적한 시골에 도시화의 바람이 불어닥친 모습, 이것이 명지의 한 모습이다. 그런데 이곳 파밭마저도 이제는 경작지 보상이 끝났는지 작물 재배를 하지 말라는 경고의 문구가 붙어 있다. 명지에서 마지막 남은 파밭이다. 풍전등화[23]랄까? 언제 사라질지 모르는 형편이 되어 있다.

---

23) 풍전등화(風前燈火)란 '바람 앞의 등불이라는 뜻'으로 '앞으로 운명이 어떻게 될지 모를 정도로 매우 급박한 처지에 있음'을 표현하는 말이다.

파밭 가까이 걸어간다. 산이라고는 하나도 없는 평지로 된 땅이다. 모래톱에서 시작한 땅이기에 흙이 모두 고운 모래 같기도 하고 진흙 가루 같기도 하다. 여느 육지의 땅과는 확실히 다르다. 들판은 파를 키우기 위해 고랑을 파고 두둑을 쌓아 두둑 위에 파가 자라있는 모양새다. 파가 자라감에 따라 두둑을 점점 높여준다고 한다. 간혹 벼농사를 하는 땅이 있기도 하고, 또 일부의 땅은 아무 농사도 짓지 않은 채 개발을 기다리고 있다.

명지 파밭과 아파트단지

그 사이의 길을 가고 있다. 멀리 아파트 건물들이 없었다면 초록으로 뒤덮인 들판을 볼 수 있었을 것인데 아쉽다. 그래도 일부만이라도 바라

볼 수 있다는 것이 다행인지 모른다. 평온하고 한적한 시골의 정경, 좀 더 오래 마음에 담고 싶은 곳, 그러나 조금만 멀리 눈을 들면 아파트 건물들이 성큼 눈앞에 다가서는 곳이다. 변화의 물결이 위협적으로 다가오는 것이 느껴진다.

해척마을과 수로의 흔적

다시 차를 타고 파밭 사이로 난 좁은 도로를 따라 나아간다. 펼쳐진 들판 한가운데 마을 하나가 덩그러니 남아 있다. 그냥 지나칠 수가 없다. 명지의 옛 마을 중 남아 있는 마을이다. 해척마을이라고 이름이 적혀있다. 어떤 모습일까 싶어 마을 어귀에 차를 대고 마을 골목을 따라 구석구석 돌아본다.

사람이 살지 않는다. 한마디로 폐허가 되어 버린 마을이다. 개발 바람에 보상을 받고 다들 떠나버렸다. 일부는 가까이 명지국제신도시의 한 아파트로 거주지를 옮겼을 것이다. 아니면 멀리 다른 곳으로 가버리기도 했을 것이다. 파밭 주인들조차 이곳 마을에 살고 있지 않은 모양이다. 전원주택같이 잘 꾸며진 집도 있고, 아름드리나무가 우거진 정원이 잘된 집도 있다. 옹기종기 마을을 이루고 살았을 모습이 연상된다. 안타깝지만 더 이상 마을이 아니다. 오히려 구석구석 버려진 쓰레기 더미가 인상을 찌푸리게 한다. 마지막 남은 명지 파밭 한가운데 있는 마을, 파밭이 사라지면 마을의 흔적도 사라지고 곧 해척마을 그 이름마저도

들판 한가운데 있는 해척마을

사라지겠지.

 그런데 '저게 뭐지?' 해척마을의 남쪽에 동서로 길게 도로가 나 있고, 그 도로 옆으로 길게 만들어진 콘크리트 구조물 하나가 있다. 길을 따라 직선으로 들판을 가로지르며 길게 만들어져 있는데 단면을 자르면 U자 모양으로 된 구조물이다. 분명 이 지역과 관련하여 의도적으로 만들어 놓은 구조물인 것이 틀림없다. 사방을 둘러보고, 이리저리 파밭과 주변 지역을 가늠하여 생각해 본다. 깊게 생각할 것도 없이 답이 나온다.

 그래, 수로다! 물을 끌어들이는 물길이다. 지금은 수로에 물이 흐르지 않고 텅 빈 콘크리트만 길 따라 놓여 있어 뭘까 생각했지만, 물이 담겨있다고 상상을 해 보니 당연히 수로임을 알겠다. 명지를 소금밭에서 농경지로 바꾸는 데 큰 역할을 한 시설물이다. 명지방조제와 함께 만들어져 명지대파라는 지역 브랜드를 만들어 낼 수 있었고 이곳 주민들의 삶의 수준을 한층 끌어 올려주었던 정말 의미 있는 시설물이다.

수로를 요모조모 바라보며 콘크리트로 정밀하게 잘 만들어 놓았다는 생각을 하는데, '그러면 명지방조제는 어디지?' 라는 의문이 든다. 그러

명지 들판을 가로지르는 수로

면서 좀 높게 돋우어진 명지국제1로의 도로를 주목하게 된다. 눈을 들어 파밭이 펼쳐진 낮은 곳과 함께 다시 살펴본다. 그래, 저 도로가 명지방조제다. 지금은 도로를 만들기 위해 언덕을 쌓은 것처럼 보이지만

도로이기 이전에 방조제였다. 명지 지역을 바닷물로부터 보호해 주었던, 그래서 명지 지역의 삶터를 보호할 뿐 아니라 명지 땅에 농사를 지을 수 있도록 만들어 준 중요한 시설물이다.

앞에서 말했던 것 같이, 명지는 사람들이 거주하기 시작하면서부터 소금밭을 삶의 터전으로 삼고 살아왔던 곳이다. 모래톱이었고, 바닷물이 늘 가까이 있었기에 홍수나 염해 피해로 인해 농사는 적합하지 않았다. 이런 곳에, 섬의 사방으로 명지방조제를 쌓아 바닷물이 들어오는 것을 막았다. 수로를 준비하여 명지 바깥 서낙동강에서부터 물을 끌어오는 시설을 하였다.24) 그리하여 명지 땅이 농경지로 변하였고 이 땅에 적합한 작물인 대파를 생산할 수 있었다.

그런 의미에서 방조제와 수로는 이 지역의 가장 중요한 시설물이다. 이와 관련한 배수장, 정수장도 마찬가지다. 지역 주민의 생존과 삶을 지탱해 주는 힘이 여기서 나왔다. 지난날 '명지 땅에서 가장 중요한 시설물이었다'는 입장에서 좀 더 주목해야 한다. 하지만 아무도 주목하지 않는 것 같다. 눈앞에서 버려지고 있다. 마지막 남은 파밭이 없어지면 같이 없어질 것 같다. 그냥 없애기는 아깝다는 생각이 들어도 신도시 개발이라는 거대한 변화의 홍수 앞에 순식간에 사라질 것이다. 방파제는 이미 도로로 바뀌어 버렸다. 눈앞에 보이는 콘크리트 수로 시설은 어쩌면 지금 보는 것이 마지막 일 것 같다.

마음 같아서는 이러한 시설물을 신도시 아파트 속의 친수공간25)이

---

24) 이러한 수로 시설은 1940년대 후반에 경등양수장, 신포양수장, 명지양수장 건설과 같이 이뤄졌다.

물길이 있는 왼쪽 언덕이 명지방조제

라는 이름으로 남겨 두면 좋겠다. 아파트 사이를 흐르는 작은 도랑 같이 수로를 살려두면 어떨까? 아파트가 만들어지면 그 속에 각종 시설이나 공원도 같이 만들어질 것인데 그 일부가 되는 것은 어려운 일일까? 이런 수로가 있다면 이 땅의 옛 주민들이 살아온 삶을 보다 쉽게 유추할 수 있지 않겠는가! 이전 삶의 터전 위에 지금의 우리가 살아가고 있다는 것, 그리고 그 역사를 아는 것이 현재 삶의 존재성을 드러내는 것이고 삶의 자존감을 높여주게 될 것이다. 그렇다면 정말 남겨둘 가치가 있지 않겠는가!

---

25) 친수공간이란 주민들이 자유롭게 물에 가까이 접근하여 휴식, 관광, 여가 등을 즐길 수 있도록 물과 관련된 시설물들이 갖추어진 공간을 말한다.

모래톱 마을의 흔적, 평성마을

해척마을 앞 도로를 타고 동쪽으로 나온다. 도로를 따라 수로가 만들어져 있고 동쪽 먼 곳에는 아파트 숲이 떡하니 버티고 있다. 도로 막바지 아파트 숲 코앞에 더 큰 수로가 남북으로 나 있다. 여기도 온갖 잡풀이 무성하기만 하다. 더 이상 관리하지 않고 있다. 직선으로 난 수로의 북쪽 끝에 명지정수장이 가물가물 보인다. 그곳에서 정수해 올린 물로 이곳 명지 땅 파밭을 적시게 만들었다. 지금은 중지되었다.

수로 옆으로 난 길을 따라 남쪽으로 간다. 해척마을과 같은 자연마을이 또 하나 나타난다. 평성마을이다. 여기도 개발의 영향으로 마을은 거의 폐허 수준에 가깝다. 차에서 내려 잠시 마을을 둘러보니 길에는 사람이 없고 대부분의 집은 비어 있다. 곳곳에 쓰레기 더미도 보인다. 충분히 살아갈 수 있는 공간으로 보이는데, 더 나은 삶의 환경을 찾아 떠나버렸다. 버려진 마을, 버려진 공간, 애처로운 마음이 절로 인다.

그런데 마을 모양이 이상하다. 왜 이렇게 길게만 이어지지? 동서로 난 길, 그 길 따라 마을이 길게 이어진다. 마을 이곳저곳을 기웃거려 보지만 길에 붙은 집 말고는 다른 집이 없다. 동서로만 길게 이뤄진 마을, 매우 특이하다. 왜일까? 개발이 가까워지면서 길 따라 있는 집들만 남겨 놓은 것인가? 그런 것은 아닌 것 같은데… 왜?

이곳이 삼각주라는 전제 아래 조금 더 생각하니 느껴지는 게 있다. 삼각주 답사를 위해 휴대폰에 저장해 두었던 지나간 지도, 1980년대 지도[26]를 보는 순간, 이거구나! 이 모습이 명지 삼각주의 자연마을 모습이구나! 하고 깨닫게 된다. 지도에는 마을의 집들이 동서로 길게 배치되어 있다. 자연 상태에서 형성된 마을 모습을 의미한다.

1982년 무렵 명지 지도-동서로 일렬을 이루는 평성, 조동마을의 모습(국토지리정보원 국토정보플랫폼)

26) 김해 1:50,000 지형도, 1973년 편집, 1982년 수정, 1985년 인쇄, 국립지리원.

설명하자면 이렇다. 일반적으로 삼각주에서 마을은 제일 높은 지역에 만들어진다. 홍수가 났을 때 바다와 강으로부터 닥치는 물난리를 피하기 위한 최선의 방법이기 때문이다. 산이 많은 육지의 입장에서 보면 삼각주 내의 조금 높은 지역과 그렇지 않은 지역은 별 차이가 없어 보이지만 홍수 때 집이 물에 잠기느냐 마느냐를 구분 짓는 중요한 요소가 된다.

삼각주에서 제일 높은 지역은 일차적으로 자연제방 위다. 하천 가까이에 발달하는 자연제방은 하천에 실려 내려온 물질 중에서 상대적으로 입자가 큰 흙과 모래가 쌓여 주변보다 좀 더 높은 언덕을 이룬다. 삼각주 첫머리 땅에서 설명했던 대저의 대지, 사덕, 출두 지역이 바로 자연제방 위에 마을이 들어선 대표적인 곳이다.

하지만 명지 삼각주는 양상이 좀 다르다. 대저수문이 있는 낙동강의 하구로부터 거리가 멀어 자연제방이 발달하기 어렵다. 강물의 힘이 약해져 강에 의해 운반되어 온 물질은 바다에 가라앉아 버린다. 대신 바다의 파랑, 연안류, 조류[27] 등에 의해 가라앉은 물질들이 되밀려 오게 되는데 이런 바닷물의 힘에 의해 모래톱 삼각주가 발달한다.[28] 이때 해안선을 따라 평행한 연안사주[29]가 먼저 만들어지고 다음으로 연안사주 주변이 채워지면서 삼각주가 만들어진다. 지도(113쪽)는 명지 땅

---

[27] 파랑은 바다에서 물결의 움직임이고, 연안류는 해안선을 따라 움직이는 바닷물의 흐름이며, 조류는 밀물·썰물에 의해 주기적으로 일어나는 바닷물의 흐름이다.
[28] 권혁재, 1973, 「낙동강 삼각주의 지형 연구」, 『지리학』 제8호, 19-20쪽 부분.
[29] 연안사주는 바닷물의 작용으로 인해 해안선과 거의 평행하게 만들어지는 좁고 긴 모래톱 지형을 말한다.

에 발달했던 옛 연안사주 모습을 보여준다. 삼각주는 연안사주를 중심으로 남으로 남으로 발달해 간 것이다. 이러한 현상은 현재 명지 땅 남쪽으로 발달한 여러 연안사주(도요등, 신자도, 진우도 등) 모습에서도 잘 관찰할 수 있다.

따라서 명지의 마을은 자연제방 대신 연안사주를 중심으로 발달했다. 연안사주는 주변 지역보다 높은 곳이다. 평성마을이 있는 곳이 바로 연안사주에 해당한다. 동서로 이어진 연안사주 등성이를 따라 마을도 동서로 길게 발달한 것이다.

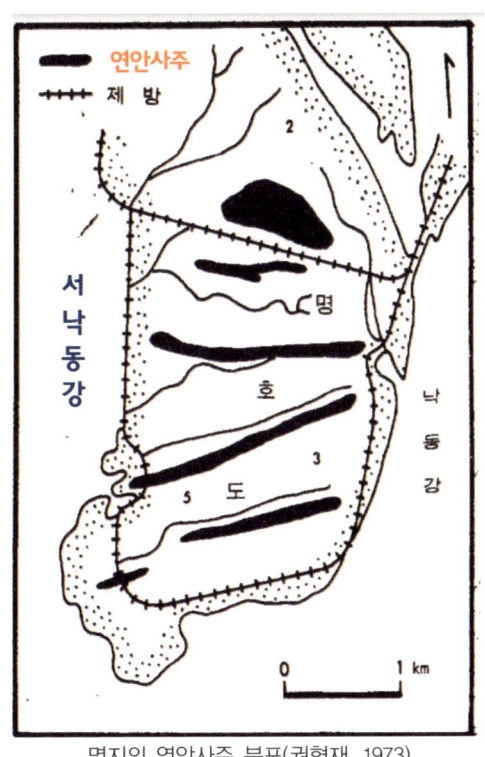

명지의 연안사주 분포(권혁재, 1973)

1980년대 지도(111쪽)에서는 평성마을에서 조동마을까지 집들이 동서로 일렬을 이루고 있다. 명지 삼각주에서 나타나는 자연마을 흔적이다. 조동마을은 이미 사라졌고 평성마을만 남아 있다. 하지만 평성마을 마저도 신도시 개발의 힘에 밀려 사람들은 떠나고 집은 빈 채 폐허와 같은 상태다. 이러한 모습이라도 남아있어서 다행이라고 해야 할까? 자연마을의 흔적이라도 볼 수 있으니 말이다.

집들이 이어지고 또 이어진다. 정말 마을 길을 따라 동서로 일렬로 분포하고 있다. 신기할 정도로 일렬을 이루고 있다. 명지 삼각주 자연마을에 대한 사실을 알고 바라보니 재미를 넘어 참 신기하기도 하다. 한참을 걸어도 길은 외길뿐 작은 골목길조차 없다. 이집 저집 기웃거려 보지만 동서로 난 도로에서 보이는 집 말고는 더 볼 것이 없다. 명지 땅 마지막 남은 자연마을은 곧 사라지겠지. 신도시 아파트가 바로 앞에 성채처럼 서 있고 그 아래 위태롭게 남아 있는 명지 삼각주 지역의 자연마을 분포 모습을 마지막에 마지막으로 확인한다. 어쩌면 다음에는 볼 수 없는 남다른 경험일 것이라고 생각하니 더욱 귀하게 다가온다.

정말 예상했던 일이 일어나고 말았다. 2023, 2024년 다시 방문한 이곳 명지파밭과 해척, 평성마을은 더 변해 있었다. 마지막 파밭은 더 이상 파밭이 아니고, 마을은 더욱 마을이 아니다. 『부산·진해 경제자유구역 부산명지지구(2단계)』 사업을 위한 경작금지 안내문에 따라 2021년 여름과 2022~3년을 지나는 동안 대부분 땅을 경작하지 못하게 되었다. 파밭을 비롯한 농경지는 전부 갈대와 잡풀로 뒤덮여 버렸다.

파밭과 평성마을 그리고 명지국제신도시

해척마을과 평성마을도 사라졌다. 2021년 5월까지 확인하며 써 내려간 이야기(102~115쪽)가 정말 마지막의 마지막 이야기가 되었다. 다음에 이곳을 오면 택지가 조성되고, 아파트가 지어지고, 신시가지가 만들어진 모습을 예상해야 한다.

새로운 시가지, 신전리

평성마을이 있던 곳을 벗어나 명지국제6로에 접어든다. 동서로 뻗은 길을 경계로 남쪽은 거대한 빌딩 숲의 화려함이, 북쪽은 개발 예정지의 공사 가림막이 있어 뭔가 부조화스럽게 느껴진다. 길을 달려 명지국제1로를 만나는 곳에 와서 잠시 멈춰 선다. 이 도로가 명지방조제라는 생각을 하면서 주변을 다시 응시한다. 멀리 펼쳐진 갈대숲의 들판과 도로 언덕과는 어림잡아 4~5m 정도의 높이 차이를 보인다. 기존에 있던 방조제에 도로를 만들면서 더 든든하게 쌓았을 것이다. 도로의 서쪽, 갈대밭의 반대쪽으로는 서낙동강에서 이어진 바다이어야 하는데 이미 오래전에 상당 부분 매립30)이 이뤄졌다. 이제는 관공서와 국회도서관이 자리를 잡았다.

옛 신전리 지역에 들어선 명지국제신도시

차를 몰고 방향을 바꾸어 신전리를 향해 남쪽으로 간다. 여기는 도로 양쪽에 건물이 빼곡하고 자동차는 그 속으로 빨려 들어가는 느낌이다. 주거용 아파트가 숲을 이루었고, 아파트와 함께 들어선 각종 거대한 건물은 완전히 새로운 세계를 만들어 놓았다. 아파트만 초고층인 것 같지만 상업시설을 비롯한 온갖 용도의 건물들도 보통 10층이 넘는다.

---

30) 명지국제1로(명지방파제) 서쪽은 1982~1985년까지 쓰레기 매립으로 땅이 만들어졌다.

거대한 건물들 속에 있으니 위압감이 느껴지고 과거 이곳이 소금밭, 파밭이었다는 사실이 믿기지 않는다.

신전리는 지난날 상신, 중신, 하신이라는 자연마을이 있던 곳인데 한마디로 '명지의 변화 현장'이 되었다. 삼각주 평지에는 새로 지어진 30층이 넘는 아파트가 빼곡하다. 입주를 한 곳도 있지만 건물만 우선 들어선 곳도 보인다. 주변으로 학원, 병원, 편의점 등의 생활시설이 있고, 주민들도 많이 보인다. 그런데 레미콘을 비롯한 각종 물자를 실은 덤프트럭들도 도로를 위협적으로 다니고 있다. 갓 지어진 건물에 '분양'이라는 펼침막을 달아 놓은 곳이 이곳저곳에 많다. 이렇게 크고 많은 건물에 여러 시설이 채워지는데 얼마만큼의 시간이 필요할까? 또 이곳에 거주하게 될 사람은 얼마나 될까 궁금해진다. 아직 건물이 들어서지 않은 곳은 도로 가림판을 쳐 놓고 개발을 위해 준비하고 있다. 정말 엄청난 변화가 이뤄졌고, 또 더 진행 중이다.

변화의 현장을 더 느끼기 위해 도로를 따라 이곳저곳을 누벼본다. 도로가 먼저 나고 건물이 들어선다. 나대지로 남아 있는 곳도 곧 개발이 이뤄질 것 같다. 한쪽 편에 작은 포구[31]가 나타난다. 이곳에 마을이 있었던 모양이다. 명지 땅에서 남서쪽으로 제일 끝 마을이었을 것 같다. 그런데 포구만 있을 뿐 마을은 없다. 수십 척의 어선이 대어져 있지만 가까이 있어야 할 어촌 마을은 보이지 않는다. 주변은 온통 새롭고 커다란 건물들이 들어서 있을 뿐이다. '아직도 고기잡이를 하고 있을

---

31) 가까이에 하신마을이 있었기에 하신포구라고 하지만 상신, 중신 마을을 포함하여 모두 신전리에 속하므로 신전포구라고도 한다.

까? 포구의 역할이 그대로 이뤄지고는 있을까?' 이런 의문이 들 정도로 주변의 상황은 달라져 버렸다.

하신포구

포구에서 마을 모습을 그리며 주위를 둘러보는데 얼마 떨어지지 않은 곳에 마을의 정자나무 같은 큰 나무 한 그루가 서 있는 것이 보인다. 저곳에 마을이 있을까 싶어 당장 차를 움직여 간다. 마을은 보이지 않고 주민도 보이지 않는 이곳에 절묘한 광경이 연출되고 있다. 하신마을이 있었음을 알리는 마을 표지석과 함께 마을 제당과 당산나무가 있다. 주변 사방은 개발을 위해 토지 정리가 다 되어가는데 유독 이곳만 옛 마을의 흔적을 간직하고 있다.

참, 이상한 공간이다. 뭐라고 표현해야 할까? 주변의 변화를 이겨내고 여전히 제자리를 지키고 있는 모습이 외롭지만 의연해 보인다고 해야 할까? 아니면 변화를 따라가지 못한 생뚱맞은 꼴이라고 해야 할까? 그것도 아니면 주변의 변화에 밀려 내팽개쳐진 모습이라고 할까? 어쨌든 정말 어울리지 않는 모습이다. 이 시대의 변화 앞에 내밀려도 한참 내밀려 천덕꾸러기가 되었다.

하지만 이곳은 지난날 마을 주민들이 소망을 비는 곳이었다. 마을의 안녕과 풍요를 기원하며 지극정성으로 수없는 제사를 드렸던 곳이다. 그렇게 살았을 이곳 사람들의 모습이 눈에 선히 그려진다.

마을은 없어졌고 주민들은 보이지 않는데 당산나무와 제당이 남아 있다. 이것은 무엇을 의미하는가? 여전히 이곳에서 제사를 드리고 있다는 것이 아닐까? 그렇다면 이곳을 의지하고 살아가는 사람들이 있다는 것이다. 마을은 없어졌지만 이곳 포구에서 고기잡이하던 사람들이 어디엔가 살고 있다는 것이다. 가까운 신도시 아파트? 그럴 것 같다. 마을이 개발 지역으로 넘어가 버리고 살던 옛집은 없어졌지만, 대신에 아파트라는 주거 공간이 생겼다. 굳이 마다할 이유가 없다. 일터가 곧 삶터였던 전통적인 삶의 방식과는 달리 일터와 삶터가 구분되는 현대 도시적 생활양식이 그대로 적용되었다. 여전히 고기잡이를 할지라도 거주는 아파트인 게다. 지역만 변한 것이 아니라 삶의 방식도 완전히 변한 것이다.

포구가 있으면 어촌 마을이 있을 것이라고 당연히 연상했다. 마을이 없는 포구는 이상하게만 여겨졌다. 세상은 바뀌었다. 마을이 없어도

포구는 있고 그 포구에서는 고기잡이 활동이 계속되고 있다. 그래서 당산나무와 제당도 사라지지 않고 남아 있다.

하신마을 당산나무와 제당

앞으로 이 당산나무와 제당이 어떻게 될지 염려스럽다. 주변의 개발 분위기가 이렇게 강한 곳에서 꼿꼿이 남아 있는 것이 더 어색해 보인다. 그런 분위기에 눌린 까닭일까? 제당을 덮고 있는 당산나무를 옆에서 보니 뒤로 쓰러질 듯 기울어져 있다. 버팀목을 설치해 놓지 않았다면 이미 쓰러졌을 것이다. 마을이 없어지고 사람이 없어졌으니 이제 곧 당산나무도 제당도 사라지고 없어질 운명을 맞이할 것이다.

그러나 포구는 여전히 있고, 포구에선 바다 일이 계속되고 있다. 제당을 의지하며 살아왔던 사람이 사라지지 않고 있다. 버팀목을 세워서라도 당산나무를 세워두려는 의지가 있다는 것은 이곳을 의지해 살아가는 사람들의 생명력이 아직까지는 남아 있음을 의미한다. 좀 더 오래도록 이 공간이 남아 있기를 바란다면 잘못된 생각일까? 주변의 개발 앞에 풍전등화의 신세지만 더 정제된 모습으로 관리되는 것은 어렵기만 한 것일까? 개발의 이익이 눈앞에 있지만 여기만은 그 이익을 잠시라도 접어둘 수 있을까? 비록 생뚱맞을지라도 지난날의 우리 삶을 되짚을 수 있는 공간으로 남겨 두는 여유가 있었으면 좋겠다. 그리하여 마을은 사라졌지만 마을 표지석과 함께 오래도록 당당하게 이곳을 지키는 공간이 되었으면 좋겠다.

주변과 어색하기 짝이 없는 분위기를 연출하고 있는 하신마을의 제당과 당산나무. 이 모습이 마지막 아니기를 간절히 바란다. 그런 마음으로 마을 제당과 당산나무 주위를 한참 동안 서성인다.

하신배수펌프장과 하신수문을 보며

다시 차를 몰고 남쪽으로 향한다. 부산환경공단이 있는 길의 맞은편에 하신배수펌프장이 있다. 붉은 벽돌로 된 2층짜리 낮은 건물이기에 자칫 그냥 지나치기 쉽지만 이곳 명지 땅에선 무엇보다 중요한 시설이다. 이 땅이 삼각주임을 아는 사람이라면 눈여겨보지 않을 수 없다. 방조제와 함께 명지 땅을 농경지로 유지해 주는 역할을 했던 시설이기 때문이다. 바닷물이 밀려드는 것을 막는 것은 방조제가 하였지만, 비가 오면 명지 땅 안에서 넘치는 물을 방조제 바깥으로 빼내는 일은 배수펌프장이 해야 했다. 땅이 낮아 자연적인 배수가 잘 이뤄지지 않았기 때문이다. 이 땅을 오랫동안 살아온 명지 사람들이라면 배수장의 위력을 잘 알고 있다. 홍수 때면 늘 물난리를 겪던 사람들이라면 이 시설이 얼마나 고마운지 잘 안다.

아파트 단지와 대규모 도시 문명에 익숙한 사람들은 그저 그러려니 하고 여길 뿐이다. 워낙 엄청나고 새로운 건물이 많기 때문에 상대적으로 중요성을 상실하였다. 하지만 명지 땅이 여전히 땅으로 유지되기 위해서는 배수 역할이 필수적이다. 신도시가 조성되고 아파트로 뒤덮인 세상이 되어도 마찬가지다. 어쩌면 삼각주 땅 명지의 운명을 쥔 열쇠이기도 하다. 그런 면에서 하신배수펌프장이 제대로 된 역할을 하는지 계속 지켜보아야 한다.

배수펌프장에서 직선 300m 정도 동쪽으로 떨어진 곳에 하신수문이 있다. 배수펌프장으로 들어가는 물의 수문이다. 바다의 물을 막을 뿐 아니라 육지의 물이 빠져나가도록 조절하는 곳이다. 옛 방조제는 이곳과 연결되어 있었을 것이다. 그래서 매우 주목해야 할 시설물이다.

수문 앞은 주변에서 흘러드는 물이 고인 커다란 못이 되어 있다. 위험스런 곳이라 여겼는지 철망을 쳐 놓았고 접근금지다. 자세히 보니 여러 종류의 물오리가 활기차게 오가고 있는데 바로 옆의 공원과 연결되어 있다. 보기가 좋다. 그렇다면 이곳을 주제가 있고 의미가 있는 공간으로 만들면 어떨까? 막연한 공원이 아니라 이 땅의 역사와 삶의 문

하신수문

화를 품은 공간으로서의 공원 말이다.

앞에서도 말했지만, 명지 땅은 수로, 수문, 방조제, 배수펌프장 같이 역사와 문화를 대변해 주는 시설물이 많다. 명지 땅이 농경지로 바뀌며 한 시대의 혁신을 가져다주었던 시설물이다. 이것이 아니었다면 여전히 모래톱으로 남아 있거나 겨우 소금밭에 불과했을 것이다. 이 시설물을 보다 적극적으로 활용하면 좋겠다. 의도적으로 부각시킬 필요도 있겠다. 이 땅 명지가 이런 시설물에 기대어 지금의 삶터를 유지하고 있다는 사실, 그런 사실을 알게 해주는 곳으로서 공원이 만들어졌으면 좋겠다.

늘 노니는 공간 속에서 자신의 삶에 대한 역사를 확인할 수 있다면 얼마나 큰 의미가 있을까! 그 의미를 품고 살아간다면 남다른 삶의 공간이 되지 않겠는가! 비록 비슷한 아파트 속을 살아갈지라도 좀 더 풍성한 마음을 갖게 할 것이다. 하신 수문 부근의 공원이 그런 의미를 주는 공간이 되길 기대한다.

명지 땅 끝에서 모래톱을 바라보다

이곳에서 명지 땅 남쪽 끝, 삼각주 끝자락이 가깝다. 삼각주의 끝 모습은 어떠할까? 이미 명지국제신도시라는 인공이 더해졌기 때문에 자연 상태의 모래톱이나 습지, 뻘 모습은 많이 변했을 것이다. 바닷가를 따라 방파제가 만들어져 있을 것 같다. 위성 지도에서는 명지 남쪽으로 또 다른 모래톱이 있었는데 그 모습은 어떠할까? 삼각주 남쪽 끝자락에 서면 관찰이 가능할까? 갑자기 여러 궁금증이 솟아오르며 보고 싶은 마음이 솟구친다.

하신배수장에서 남쪽으로 가다가 동서로 뻗은 르노삼성대로를 만난다. 원래 명지 삼각주의 끝은 여기까지였다. 명지의 남쪽 끝이 이곳이었다는 말이다. 이곳에서 바다를 만나고 갯벌을 볼 수 있어야 했다. 하지만 이 대로를 건너 남쪽으로 인공 매립지가 만들어졌다. 삼각주에 연이어서 만들어졌기 때문에 모양새는 같은 삼각주지만 자연 상태의 삼각주 땅은 아니다. 매립한 땅에 명지국제신도시 중 오션시티라는 이름으로 명지에서 제일 먼저 아파트 단지가 세워졌다. 그래서 도시적 면모가 잘 갖춰져 있다. 아파트를 끼고 큰 도로가 사각형으로 반듯반듯하게 나 있고, 도로변에 온갖 상업시설이 들어서 있다. 음식점, 커피점, 은행, 부동산, 사무실, 학원 그리고 학교까지 갖춰졌다. 사람들은 최상의 도시적 삶을 누리고 있다.

르노삼성대로를 가로질러 남쪽으로 뻗은 도로를 따라 명지오션시티를 달리니 앞에 소나무 숲이 나타난다. 이 숲이 삼각주의 제일 남쪽 끝이라는 것이 직감적으로 느껴진다. 바닷가 마을에는 종종 바닷바람을 막는 방풍림 같은 것을 만들어 두는데, 이것이 오션시티를 위해 의도적으로 만든 방풍림인 셈이다. 부근에 차를 세워두고 솔숲으로 들어간다. 사람들이 산책하는 모습이 보인다. 숲이 방풍림이자 공원으로 활용되고 있다. 숲을 지나니 바로 방파제가 있고 바다를 만난다. 삼각주의 제일 남쪽이다. 방파제 앞으로 바다에 떠 있는 모래톱이 펼쳐져 있다.

드디어 모래톱이다! 서낙동강을 거쳐 명지까지 말로만 이야기했던 모래톱이 바로 이것이다. 자연 상태의 모래톱이 바다 가운데 길게 늘어져 있다. 신비한 자연현상의 한 부분이다. 서 있는 곳은 인공 방파제 삼발이가 가득 놓여 있지만, 눈앞에 펼쳐진 바다와 멀리 떠 있는 모래톱은 완전히 자연 상태 그대로다. 진우도, 신자도는 저 멀리 펼쳐져 있고, 대마등은 제법 가까이 있다.

그래! 삼각주는 저런 모습에서 출발했다. 저런 모래톱이 섬이 되고 섬과 섬 사이의 갯골 바다가 메워지면서 점점 커 갔다. 대저 땅, 명지 땅이 그렇게 만들어졌다. 그런 곳을 개척해서 사람들은 살아왔다. 이런 저런 재미있는 상상들이 머릿속에 확 와닿는다. 탁 펼쳐진 바다, 그 경치만으로도 마음을 시원케 해주지만 여러 재미있는 상상을 할 수 있어 더욱 흥미롭다. 그래서 이런 질문을 해 본다. 언젠가 시간이 지나면 이 바다도 메워지게 될까?

명지 남서쪽 바다-진우도 모래톱이 얇게 펼쳐져 있고 뒤에 산이 가덕도

낙동강에서 씻겨 내려온 물질, 바다로부터 다시 밀려온 물질들이 쌓여서 모래톱이 만들어지고 삼각주가 만들어진다. 처음에는 섬이 되고 점차 육지가 되어간다. 이런 현상이 지금도 계속되고 있는 것이 아닌가! 언젠간 이곳도 명지와 연결되는 땅으로 된다고 봐야 한다. 지금 모

래톱인 진우도, 신자도, 대마등이 점차 육지로 되어가는 일이 벌어지고 있다고 봐야 한다.

그러나 눈앞에 펼쳐진 바다의 모습은 전혀 그렇게 변하지 않을 것 같다. 어떻게 바닷물 가득한 이곳이 땅이 된단 말인가! 모래톱 모습을 위성지도에서 볼 때와는 달리, 막상 자연 앞에 맞닥뜨려지니 인간의 작은 눈엔 자연이 결코 변하지 않을 것 같다.

썰물 때 명지 남동쪽 바다-물골 건너편이 대마등

하지만 자연의 움직임은 정직하다. 눈에 보이는 것과 다르다. 바닷물만 한가득 보이지만 바닷물 속은 어떤지 모른다. 그 속은 이미 변하고 있을 것이다. 지금 세대가 아니면 다음 세대, 그것도 아니면 그다음 세대에 가서는 그 변화의 실체가 드러날 것이다.

사실 썰물 때는 이미 상황이 다르다. 물이 빠지면 갯벌과 물골이 드러나고 가까이 있는 대마등 모래톱은 곧 건너갈 수 있을 것 같아진다. 그만큼 육지와 가까울 뿐 아니라 육지화가 많이 진행된 상태이다. 눈으로 바라보는 것과 달리 오랫동안 진행되어 온 자연의 물밑 움직임은 느리지만 정직하게 일어나고 있다. 이곳도 변화할 것이 분명하다. 언젠가는 이 바다가 땅으로 변할 것이다.

이런 상상이 결코 틀린 것은 아니지만, 변화는 전혀 다른 방향일 가능성이 높다. 최근 명지 땅이 그래왔던 것과 같이 자연의 힘에 의한 변화에 앞서 인공의 힘이 작용할 것 같다. 삼각주는 자연현상에 의한 변화 중 가장 역동적인 변화가 있는 곳임에도 불구하고 인간은 그 자연이 변화되는 시간을 기다려 주지 못한다. 도시화 산업화라는 이름으로 이뤄지는 개발의 힘은 자연 상태의 변화 속도를 뛰어넘을 뿐 아니라 변화의 양상도 더 강하고 확고하다. 소위 이곳에 어떤 정책적인 결정만 내려지면 인공의 힘은 순식간에 자연을 뒤바꾸어 버린다. 자연 상태의 변화가 무시되는 것이 지금의 현실이다. 지금 서 있는 명지오션시티도 그렇게 해서 만들어졌다.

모래톱 진우도 뒤쪽으로 가덕도가 병풍처럼 펼쳐져 있다. 가덕도신공항 건설 예정지가 저 부근이다. 신공항 건설 방향이 어떻게 될지 알 수 없지만 아마도 엄청나게 변화될 것이다. 그렇게 되면 가까운 명지 앞의 모래톱도 어떤 영향을 받을지 알 수가 없다. 당연히 자연적인 변화에 맡겨 놓고 기다릴 가능성은 보이지 않는다. 마음 같아서는 강과 바다의 힘에 의해 주어지는 변화, 그 자연적인 현상을 차근차근 지켜볼 수 있으면 좋겠지만 그동안 삼각주에 가해진 인공의 힘을 똑똑히 보아온 이상 그것은 낭만적인 생각에 불과할 것이라는 판단이 앞선다. 좀 더 살만한 곳으로 만들어 간다는 논리는 자연 상태의 삼각주를 더 이상 내버려 두지 않는다. 신공항을 앞세운 개발, 발전, 성장이라는 힘이 더 강하게 도사리고 있다. 바다와 모래톱의 운명을 좌우할 정책 시행이 바싹 다가와 있다. 이 시퍼런 바다마저도 그냥 두지 않을 것 같다.

명지 변화의 중심을 누비며

명지의 제일 남쪽 끝에서 이제 되돌아간다. 명지오션시티를 동쪽으로 돌아 나오면서 명지국제신도시가 형성되어 가는 전체의 모습을 또 한 번 눈으로 확인한다. 북으로 북으로 점점 신도시의 범위가 확대되고 있다. 상신, 중신, 하신마을이 그랬던 것처럼 명지의 남동쪽에 있었던 진동, 전등 마을도 흔적이 없다. 오션시티에 이어 부산진해경제자유구역[32]의 일환으로 명지국제신도시의 영역이 확장되고 있다.

드넓은 평지에 사각형의 넓은 도로와 대규모 건물이 반듯반듯하게

---

32) 부산진해경제자유구역이란 외국인투자기업의 경영환경과 외국인의 생활여건 개선을 위해 경제활동에 예외적인 조치를 허용하는 경제특별구역이다. 공항·항만, 지리적 이점을 갖춘 지역에 물류 인프라 확충, 첨단산업단지 조성, 외국인 비즈니스 환경 개선 등을 추진함으로써 국가경쟁력 강화와 지역 간의 균형 발전을 목표로 2003년에 지정되었다. 부산 강서구와 경남 창원시 진해구 일원의 신항만, 지사, 명지, 웅동, 두동 등 5개 지역을 물류유통, 첨단산업 및 국제업무, 여가·휴양의 거점 등으로 지역별로 특화하여 개발하고 있다.(부산진해경제자유구역청 홈페이지)

명지공원 주변

놓여 있고, 큰 도로를 따라 여러 상업시설도 잘 들어서 있다. 이미 주거지역으로 대규모 아파트 단지가 형성되었고 신도시로서의 규모와 구조가 다 갖춰졌다. 그러고도 도로와 도로 사이의 일부 부지는 맨땅으로 남겨져 있거나 가림판에 싸여 계획된 개발이 이뤄지도록 기다리고 있다. 명지국제신도시는 도시적 면모를 점점 더 확고히 해 가고 있다. 삼각주 위의 땅이지만 이제는 삼각주라는 특성을 이야기해야 할 이유가 없게 되어버렸다.

이곳저곳 다녀보니 이곳의 변화가 확 느껴진다. 대규모 아파트 단지와 상업성 건물이 숲을 이루고 있다. 대형 건물이 당연한 공간이다. 널

찍하게 확보된 도로 위를 자동차가 거침없이 달린다. 바다에서 소금밭으로, 파밭으로 그리곤 아파트 단지로 변한 이곳의 상황을 아는지 모르는지 무심하다. 이젠 대형 건물과 넓은 도로가 명지 땅을 대표하는 말일 것 같다. 이렇게 변한 사실을 당연하게 받아들이는 것 같다.

특별히 해안 쪽으로 넓은 공원33)이 조성되어 있다. 공원 주차장에 차를 대고 신도시의 분위기를 느껴볼 겸 걸어본다. 초록의 잔디와 산책길, 그리고 물이 어우러지고, 조금 더 멀리 바다가 접해있는 정말 널찍하고 평온한 모습의 공원이 펼쳐진다. 한쪽은 아파트 단지와 도로, 그리고 수많은 상업시설이 있고, 반대쪽은 초록의 공원이 공존한다. 세상 그 어디도 부럽지 않겠다. 새삼 이러한 것을 우리가 누리고 있다는 생각을 하니 마음이 울렁거린다. 어려운 세대를 거치며 살아온 사람에겐 이러한 모습이 부담스러울 정도로 화려하게 느껴진다. 햇살이 서쪽으로 뉘엿뉘엿 넘어가면서 아파트 그림자가 공원 가까이 길게 뻗어 나온다. 아파트와 자연의 어울림, 또 다른 아름다움으로 기억될 것 같다.

공원 가까이에 대형마트34)가 보인다. 언젠가 이곳에 잘 만들어진 옥상 전망대가 있다는 소리를 들은 적이 있다. 전망대? 무엇을 전망하는 곳일까? 혹시 명지국제신도시 전체를 볼 수 있는 곳일까? 차를 타고 대형마트의 옥상으로 향한다. 옥상 대부분은 주차장이지만 일부를 정원과 함께 전망대로 꾸며 놓았다. 전망대에 올라서는 순간 기대 이상으

---

33) 공원의 이름은 곳곳에 따라 근린공원, 너울공원, 도요새공원, 해오라기공원 등의 이름이 붙여져 있다. 글에서는 전체를 함께 명지공원이라 이름하였다.
34) 스타필드시티 명지점.

로 예상하지 못한 장면에 놀란다.

　명지국제신도시가 아니라 반대쪽 바다 전망이다. 명지 끝자락에서 이어지는 남쪽 바다가 쫘악 펼쳐진다. 그 사이 모래톱이 놓여 있다. 좀 전 명지 끝 방파제에서 보았던 모래톱이지만 여기서 보는 모습은 전혀 다르다. 높은 전망대에서 내려다보는 자연의 모습, 순간 세상이 가슴에 안기는 느낌이다.

대형마트 옥상 전망대에서 본 명지 남쪽 바다

　호수 같이 잔잔한 바다에 놓인 자연습지가 정말 자연스럽기만 하다. 파릇파릇한 갈잎이 바닷물과 어우러져 생동감이 느껴진다. 그 남쪽으로 모래톱 대마등이 동서로 비스듬하게 놓여 있고 약간의 나무가 자라고 있다. 그리고 더 멀리는 바다가 이어진다. 또 다른 모래톱이 있지만 가물가물 감지하기는 어렵다. 이런 곳에 전망대를 만들어 둔 것이 고맙기만 하다.

좀 더 보고 있자니 이런 자연을 계속 자연스럽게 껴안을 수 없다. 가까이 있는 인공시설물들이 자연습지와 모래톱 전망을 심하게 방해하고 있기 때문이다. 당장 서쪽으로는 오션시티의 아파트 숲이 눈에 들어온다. 자연습지가 더 이어져야 할 자리인데 이를 희생시키고 오션시티가 들어서 있다. 아파트 숲이 자연습지의 발달을 가로막고 있다. 게다가 전망대 바로 앞에 을숙도대교로 이어지는 거대한 도로가 지나고 있는데 그곳에는 명지 톨게이트가 떡하니 자리하고 있다. 도로가 주는 위압감은 물론 도로를 오가는 자동차 소음도 장난이 아니다. 자연 경치를 보려면 명지톨게이트와 도로를 뛰어넘어 시선을 멀리해야 하는데 아무리 자연습지 쪽으로 시선을 멀리하여도 톨게이트와 도로가 시야를 괴롭게 한다. 소음은 한 몫을 더하여 신경까지 예민하게 한다. 한마디로 이 멋진 모래톱 해안을 정상적으로 맛보지 못하게 한다. 자연에 빠져들지도 못하고, 전망을 오래 보지도 못하게 한다.

전망대에 서서 자연의 모습과 인공의 모습, 두 모습을 적나라하게 감상하고 있다. 이것이 명지 땅 삼각주 변화의 또 다른 현장이다. 어쩌면 변화를 넘어 변형된 현장이다.

낙동강 삼각주는 우리나라 그 어디에서도 찾을 수 없는 독특한 지형이다. 낙동강과 바다가 만들어 낸 거대한 땅덩어리, 오랜 시간에 걸쳐 자연의 힘이 만들어 낸 땅, 그 만들어진 과정이 땅덩어리 전체에 오롯이 남아 있고, 지금도 더 만들어지고 있다. 거대하고도 은밀하게 진행되는 자연의 움직임이 살아있다. 그 움직임이 가장 역동적이며 생동감이 넘치는 곳이다.

이런 곳은 자연의 힘이 만든 자연스런 모습이 잘 드러날 수 있도록 해야 하지 않을까? 살아있는 자연의 움직임이 마음껏 나타나도록 배려해 주어야 하지 않을까? 이런 곳에 살려면 자연의 움직임에 조심스레 기대는 자세여야 하지 않을까? 자연이 주는 것을 혜택으로 여기는 마음이어야 하지 않을까?

하지만 지금 보는 명지는 자연에 기대기는커녕, 자연을 혜택으로 여기기는커녕, 오히려 자연의 힘을 뛰어넘는 거대한 인공의 힘을 드리우고 있다. 신시가지를 뒤덮은 각종 건물과 도로는 삼각주의 자연성을 뒤덮어 버렸다. 인공 매립이 이뤄지면서 삼각주의 원형마저 변형시켜 버렸다. 그래서인지 신도시가 주는 화려함이 일면 마음속 깊은 곳에 심한 거부감을 일으킨다. 이렇게까지 해야 했을까? 다른 방법이 없었을까? 이곳 신도시를 대신할 만한 다른 곳은 없었을까? 하필 삼각주 끝자락, 자연의 움직임이 가장 왕성한 이곳에 신도시를 건설해야 했을까? 지금도 명지 땅 앞바다에는 자연성이 또렷한 모래톱이 두둥실 떠 있는데⋯ 아무리 봐도 신도시와는 어울리지 않는다.

다시 눈을 들어 자연습지와 바다를 쳐다본다. 여전히 도로와 아파트가 거슬린다. 이제는 얼굴을 돌리게 된다. 그러면서 자연 상태였을 때의 명지 땅끝, 삼각주의 마지막 끝선을 찾는다. 르노삼성대로다. 명지 톨게이트 너머 남쪽에 있다. 지난날 명지 땅을 농경지로 바꿔주었던 명지방조제 위에 놓인 도로다. 이 도로의 안쪽은 자연 상태로 형성되었던 삼각주이고 도로의 바깥쪽인 명지오션시티는 인공적으로 매립된 땅이다. 삼각주의 원형을 변형시킨 대표적인 곳이다. 그 땅을 또렷이 내려다본다. 아파트, 도로, 상가건물… 인공의 힘이 너무나 당당하게 자리하고 있다. 더할 나위 없이 좋은 삶의 공간이라곤 하지만, 더없이 화려하고 편리한 시설물이라고 하지만, 자연의 삼각주를 잠식하고 변형시켰다는 생각을 하면 눈길을 돌리게 된다. 이미 변형된 삼각주, 그 모습을 눈앞에 놓고 진한 아쉬움이 쏟아진다. 이곳에서는 자연이 주는 아름다운 힘을 더 이상 느낄 수가 없다.

이제 다시 차에 오른다. 마트를 나와 동으로 난 길을 따라가다 북으로 나아간다. 도로를 조금 벗어나니 갑자기 원룸식 건물이 제법 나타난다. 완전히 색다른 경관이다. 구석구석 돌아보니 한쪽 편엔 아직 옛 마을의 모습도 남아있다.

중리 지역, 옛 명지의 중심지다. 이곳에 명지 행정복지센터가 있고, 과거 명지를 다녀간 높으신 관리를 칭송하는 옛 비석[35]도 남아있다. 예부터 마을 제사를 드리던 제당과 당산나무는 문화공원이라는 이름의 작은 공원에 모여있고, 중리마을을 지켜주던 마을 방조제는 이제 유물처럼 되어 있는 곳도 이곳이다. 게다가 여전히 고기잡이가 활발한 명지

---

35) 비석은 순상국홍공재철영세불망비(巡相國洪公在喆永世不忘碑), 순상국김공상휴영세불망비(巡相國金公諱相休永世不忘碑)라는 이름을 달고 있으며, 모두 염전에 매긴 세금을 줄여준 것에 대한 감사의 뜻을 담고 있다. 가운데 작은 비석은 비석을 이곳으로 이동해 두었음을 설명하는 비석이다.

행정복지센터 마당의 옛 비석

포구도 이곳에서 가깝다. 곳곳에 옛 중심지의 흔적이 보이지만 그 중심지의 의미는 완전히 뒤로 밀려난 느낌이다.

변해버렸다. 완전히 변했다. 땅도 변하고 집도 변했다. 한때 중요했던 것들은 더 이상 의미를 잃었다. 눈앞에 보이는 치솟은 고층아파트와 빌딩에 시선을 뺏겨 버리게 된다. 이 사실이 불과 한세대 만에 이루어졌다는 점이 더욱 놀라울 뿐이다. 하지만 이런 변화를 이미 익숙하게 받아들이고 있다. 삶터만 급속히 변했을 뿐 아니라 그에 맞춰 살아가는 삶의 방식도 변한 셈이다. 이전 삶의 터전, 삶의 방식엔 아무도 주목하지 않는다. 변화된 삶에 적응하며 살아가기 바쁘다. 그래서 이렇게 변한 것을 당연하게 여기며 살아가고 있다.

에코델타시티 전망대에서

그리고도 더 변화를 겪는 곳이 있다. 무슨 말인가 싶지만, 명지 땅과 이어지는 북쪽으로 더 큰 신도시가 만들어지고 있다. 지금까지 돌아본 명지신도시 땅만큼이나 넓은 지역이 한꺼번에 신도시로 변하고 있다. 에코델타시티[36]다. 에코는 친환경을 의미하고, 델타는 삼각주를 뜻한다. 그래서 에코델타시티는 삼각주 지역의 친환경 도시를 의미한다. 삼각주에 친환경 신도시가 건설된다는 말이 되겠다.

지도(138쪽)에서 보는 바와 같이 장소는 명지지구(명지국제신도시)의 북쪽 삼각주 지역이다.[37] 범위는 명지국제신도시보다 더 넓다. 이곳이 한꺼번에 신도시로 변하게 된다. 무슨 이런 변화가 또 있겠는가!

에코델타시티 계획이 처음 시행된 것이 2015년이다. 그 후 제법 시간이 흘렀다. 지금은 어느 정도 진행이 되었을까? 마침 그 상황을 볼 수 있는 에코델타시티 전망대[38]가 있다. 일단 그곳을 가 봐야겠다.

---

[36] 에코델타시티(https://www.kwater.or.kr/website/ecodeltacity.do)는 수변생태도시, 국제친수문화도시, 미래산업물류서비스 도시를 표방하고 있다. 면적 11.8km^2(약 360만 평)에 계획 인구는 76,000명이다.

[37] 에코델타시티는 행정구역으로는 명지동, 강동동, 대저2동에 속한다. 명지동에는 순아1구, 2구, 3구, 경등, 사취등 마을이 있었고, 순아도라는 이름으로 불리고 있었다. 강동동은 전양(앞등), 수봉도, 평위도, 송백도, 대부도 마을이 있었고, 대저2동에 월포, 상납청, 군라, 신노전 마을이 있었다.(2014, 강서구지 참조). 사업 시행을 위해 명지동을 제1지구, 강동동을 제2지구, 대저2동을 제3지구로 정해두고 있다.

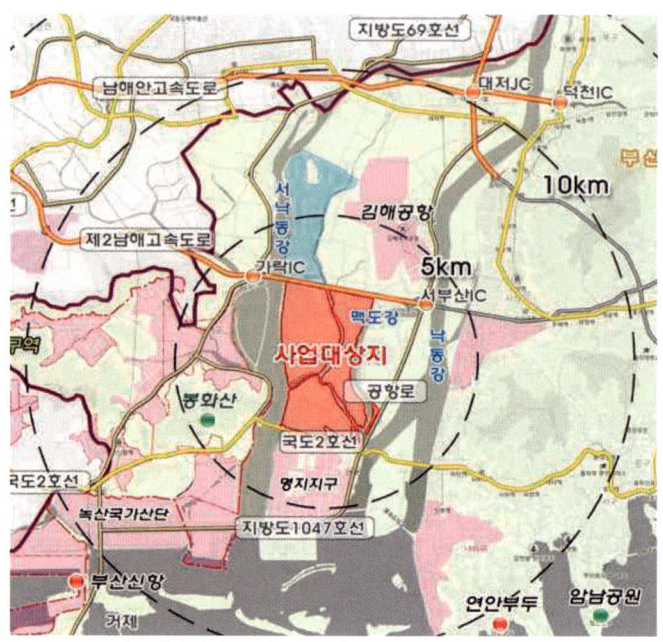
에코델타시티 사업 대상지(에코델타시티 홈페이지)

명지의 옛 중심지 중리를 나와 낙동북로에 접어들어 서쪽으로 향한다. 처음 출발했던 노적봉공원이 있는 쪽이다. 달리는 도중 북쪽으로 에코델타시티 건설부지가 펼쳐진 게 보인다. 한참을 달려 명지국제1로가 교차하는 곳까지 간다. 거기서 우회전하니 에코델타시티 조성지 안으로 들어간다.

세상에, 이럴 수가! 어떻게 이렇게 변할 수가 있을까? 어마어마하게 넓은 곳을 개발하고 있는 모습에 말문이 막히고 감탄사만 터져 나온다. 탁 트인 삼각주 들판 전체에 도로와 택지 공사가 한창이다. 얼마 전까지

---
38) 에코델타시티 전망대는 '델타루'라는 이름이 붙여져 있다.

농사짓던 곳인데 전부 건설공사 현장으로 변했고, 일부는 아파트 공사가 이뤄지고 있다. 한마디로 상전벽해[39]라는 말이 딱 어울리는 곳이 되었다. 길은 이미 잘 닦여 있고 택지로 조성되는 곳은 누런 황톳빛 땅을 드러내고 있다. 공사 차량들이 많이 보이고 몇몇 도로는 통행금지 꼬깔콘을 세워 놓았다. 공사 중인데도 전망대를 향하는 길은 잘 나 있다.

전망대가 있는 곳은 에코델타시티의 중심지 세물머리[40] 부근이다. 주변은 전부 평지인데 우뚝 솟아 있어 쉽게 눈에 띈다. 가는 길에 평강천을 만나고, 커다란 다리는 이미 완성되어 있다. 다리를 건너 강 따라 이어진 길을 가니 전망대가 나타난다.

1층 전시관에는 에코델타시티 조성 계획과 관련된 내용을 여러 모형도와 영상물로 꾸며 놓았다. 첨단 영상 도구들을 다 동원하였다. 버튼만 누르면 에코델타시티의 모습이 영상으로 나온다. 이 지역의 지난날 모습도 있지만, 전적으로 에코델타시티가 조성되면 이뤄질 화려한 도시의 모습으로 가득 차 있다. 이리저리 다니며 내용을 읽어 보고, 영상도 시청한다. 그런 가운데 깨닫게 되는 한 가지는 에코델타시티는 단순한 신도시 개념이 아니라는 것이다. 아파트 단지, 상업 용지 중심의 신도시 개념을 넘어 아예 도시 전체가 첨단 시스템으로 운영되고 그 핵심

---

39) 상전벽해(桑田碧海)란 '뽕나무밭이 변하여 바다가 되었다'는 뜻으로 세상이 심하게 변한 것을 표현하는 옛말이다.
40) 세물머리는 평강천에서 순아천이 갈라지는 곳이다. 물길이 세 갈래로 나 있어 세물머리라는 이름이 붙여져 있다. 명지동, 강동동, 대저2동 3개 동이 갈라지는 곳이기도 하다.

지역에는 스마트시티41)가 건설 될 예정이라고 한다.

정말 놀라운 일이다. 벼농사, 파농사가 이뤄지던 삼각주 지역이 신도시로 변한다는 사실만으로도 놀라운 일이지만, 신도시를 넘어 최첨단 도시 시스템이 도입된 스마트시티가 된다는 것은 더욱더 놀랍다. 로봇이 활용되는 도시란다. 지속가능한 에너지 자립 도시이고, 거기에 스마트한 물 환경과 스마트한 교통, 의료, 공원이 조성된다. 교육과 일, 여가가 어우러지는 환상적인 도시를 이야기하고 있다. 4차 산업 혁명 기술을 바탕으로 지속가능한 삶을 추구하는 미래 도시의 모델을 제시하고 있다. 그동안 사회가 변함에 따라 도시가 변해 왔다면 이곳에서는 첨단 시스템의 도시가 만들어지고 그 도시가 사회변화를 이끌어가도록 구상해 두고 있다.

전시관을 둘러보는 내내 그런 첨단시설 속에 살아가는 사람들의 모습을 상상한다. 언뜻 기대가 부풀고 설레는 마음이 앞선다. 그런 삶을 누린다는 것이 황홀하게 느껴진다. 사람들이 생각할 수 있는 스마트한 시설을 모두 갖춘 도시이니 더할 나위 없이 놀랍고 대단하다는 생각이 든다.

그러면서 또 다른 속생각들이 꼬리를 물고 떠오른다. 에코델타시티의 스마트시티라는 것, 이거 너무 앞서가는 것은 아닌가? 지금도 사회

---

41) 스마트시티는 에코델타시티의 중심 부분인 세물머리 부근에 면적 약 $2.8km^2$(84만 평), 계획 인구 8,500명을 예상하는 국가시범도시로 지정되어 기획되고 있다. 그중 Top-Dawn 방식으로 추진되는 10가지 전략과제는 스마트시티의 핵심이다. 그 10가지는 생활 속 로봇 활용 도시, 배움-일-놀이를 병행하는 스마트 환경, 도시 행정·관리의 지능화, 스마트한 물관리, 지속가능한 에너지 자립 도시, 스마트한 교육과 생활 시스템, 스마트 건강 의료, 스마트 교통, 스마트 안전, 스마트 공원이다.

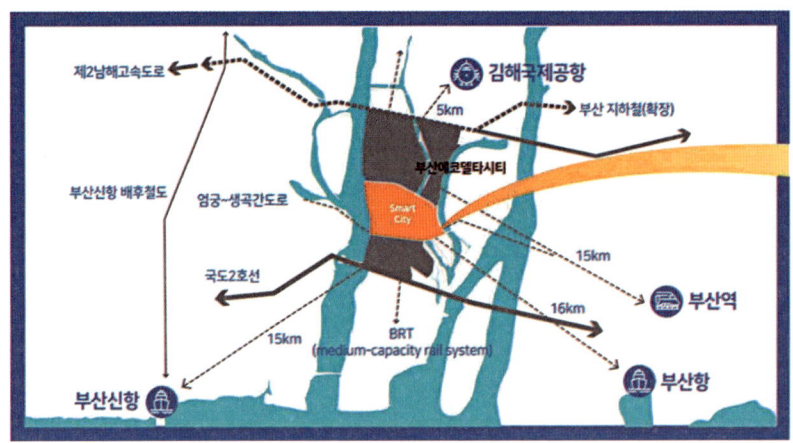

국가시범도시로 선정된 스마트시티 위치(에코델타시티 홈페이지)

는 빠르게 변하기만 하는데 그보다 더 큰 변화를 도시가 이끌어 간다는 것이다. 그래도 괜찮을까? 우리 사회가 이런 엄청난 변화를 받아들일 만큼 여건이 성숙하였는가? 만약에 아니라면 이런 변화에 따라갈 수 없을 것 같아 염려스럽다. 어쩌면 사회의 낙오자가 되는 것은 아닌지 두렵기까지 하다.

이러한 변화에 일면 충격을 받았기 때문일까? 아니면 변화를 맞이해야 할 부담감 때문일까? 여러 정리되지 않은 생각에 전시관을 이리저리 왔다 갔다 하다 일단 2층 전망대에 오른다. 조성 중인 에코델타시티 부지가 사방에 펼쳐진다. 주저할 것 없이 펼쳐진 장면을 먼저 카메라에 담는다.

전망대에서 바라보는 에코델타시티의 현장은 실로 엄청나다. 눈에 보이는 들판 전체가 공사 현장이다. 단순히 그 규모만 확인해도 놀랍다. 전망대로 들어올 때 보았던 지역보다 몇 배나 더 넓게 펼쳐져 있기 때문이다. 삼각주를 모두 택지로 만들어 놓았다. 이전의 자연 들판은 완전히 없어졌다. 들판에 의지해 농경지를 일구며 살아왔던 모습도 모조리 사라졌다. 혹시라도 이곳의 옛 모습을 기억하는 사람이라면 황량한 공사 현장으로 변한 이 모습을 보면서 허무함도 느끼겠다. 그렇든 말든 수많은 공사 차량은 이리저리 오가며 자기 일에 여념이 없다. 이제 이 들판은 그 위에 세워질 미래의 모습만을 그리고 있다. 변화의 길로 나아가고 있다. 에코델타시티라는 신도시가 만들어지고 있다는 것은 의심할 여지가 없다.

전망대 북쪽-에코델타시티 드넓은 부지

그러면 변하는 것은 정해진 사실이겠는데, 전시관에서 들었던 생각, 변화에 대한 부담감 때문일까? 이런 질문이 튀어나온다. 이렇게 변하는 것이 정말 좋은 것일까?

전시관에서 본 에코델타시티는 매우 화려했다. 화려한 만큼이나 새로운 도시를 엮어가는 각종 기술력도 탁월했다. 스마트시티라는 남다른 도시 시스템은 잠시 경험해 보아도 황홀한 것이었다. 완성이 되면 대부분의 사람들이 매료되고 모두가 흠모하는 터전이 될 것이 분명했다. 물리적으로 편리한 삶뿐 아니라 정신적으로 평안하고 안락한 삶까지 가져다주는 새로운 세상이 열릴 것 같은 느낌이었다.

이런 첨단의 환경이라면 아무도 마다하지 않을 것이다. 할 수만 있다면 앞다투어서라도 스마트시티의 삶에 먼저 젖어보고 싶어 하겠다. 일상화된 스마트폰만큼이나 스마트한 도시의 삶을 누리고 싶겠다. 젊은 세대는 더욱 적극적으로 환영하겠다. 그래서 최첨단의 도시, 에코델타 스마트시티는 이 시대가 요구하는 딱 '좋은 변화'임에 분명하다.

그렇다고 하더라도 이렇게 변해도 되는가? 아무리 '좋은 변화'라 할지라도 이런 변화가 정말 필요한가? 수많은 변화를 경험하면서 느꼈던 그 이면에 대한 근본적인 질문을 여기서 하게 된다.

전시관에는 마침 이곳의 옛 모습도 남겨 놓았다. 삼각주가 자연 그대로 있을 때도 있고, 그 위에서 농사지으며 살아갈 때도 있다. 갈대와 강물이 어우러진 삼각주 들판은 고기잡이를 하든 농사를 짓든 무엇을 해도 충분히 좋은 곳이었다. 큰 변화 없이 익숙한 일에 젖어 그냥 살아간다 해도 여전히 좋았을 곳이다. 스마트 기기가 없어도 그 속에 살았던 사람들은 나름의 만족과 평안을 누렸던 곳이다. 이런 곳을 모조리 없애버리고 첨단시설의 에코델타시티로 변화시켜 간다. 다시는 되돌릴 수

전망대 서쪽-에코델타시티 건설 중

없는 모습을 만들어 간다. 당연히 이전의 모습, 자연 상태의 삼각주 모습이 아쉽고 그립기도 하지만 새로운 변화는 이를 모두 지워 버렸다.

 이 넓은 곳이 모두 신도시로 완성되려면 아마 상당한 시간이 걸릴 것이다. 부산 근교에 다른 신도시도 많이 세워졌는데 자연히 이들과의 경쟁도 있을 것 같다. 여기에 정착하게 될 많은 인구는 어디에서 어떻게 들어오게 될까? 자연증가는 이미 멈춘 상태이니 도시 내의 이동으로 채워져야 한다. 최근 부산 도심지의 인구 공동화 현상이 사뭇 심각해졌다. 특히 산복도로를 끼고 있는 동네의 경우 멀쩡한 2~3층 양옥집이 빈집으로 버려진 경우를 수없이 보아 왔다. 결국 이들 지역 인구의 일부가 신도시로 이동했다고 봐야 한다. 인구가 빠져나가는 지역의 희생은 참으로 클 것이다.

이렇게 생각하니 화려한 신도시는 또 다른 희생을 바탕으로 세워지는 곳이라 볼 수 있다. 변화가 좋아 보여도 좋은 것만은 아닌 게다. 누군가가 변화의 혜택을 누린다면 누군가는 그 변화에 희생되는 것이다.

이 사실을 알면서도 변화는 계속된다. 조금도 주춤거리지 않고, 누구도 막을 수 없다는 듯이 나아가고 있다. 그 배후에는 막대한 개발 이익이 있다. 그 힘에 이끌려 삶의 터전이 속수무책으로 내몰려 나가는 것 같다. 이렇게 변해도 되는가에 대한 답도 뚜렷이 할 수 없는 상태에서 공사 현장은 이미 돌이킬 수 없을 정도로 큰 변화가 일어나 버렸다. 그 변화의 폭도 너무나 크게 느껴진다.

그렇다면 변화는 언제까지 계속될까? 얼마나 더 변해야 할까? 이제는 좀 멈추어 서면 안 되는 것일까? 과유불급(過猶不及)이란 말과 같이 '지나친 것은 모자라는 것보다 못하다'고 했는데 이곳 변화의 현장이 그런 것은 아닐까? 에코델타시티 전망대에 서서 변화에 감춰진 뒷모습을 들추어 보며 넋두리 같은 질문을 마구 쏟아내고 있다.

명지국제신도시의 변화된 모습이 떠오른다. 상업지역도 있었지만 대부분 아파트단지로 구성되어 있었다. 그곳도 변화되기 전부터 변화에 대한 염려가 없지 않았다. 상당한 시간이 걸리긴 했지만 변화 전과 후의 차이는 엄청났고, 상상할 수 없는 차원의 변화가 일어났다. 지금은 완전히 새로운 세상이 되어 있다. 더 놀라운 것은 아무도 변화된 삶에 대해 다른 말을 하지 않는다는 것이다. 이런 변화가 너무도 당연하다는 듯 그 속에서 살아가고 있다.

에코델타시티도 그렇게 변하게 될까? 충분한 시간이 지나면 계획된 대로 첨단시설의 스마트 도시가 이뤄지고 새로운 도시 세계가 열리는 것을 경험하게 될까? 변화 전의 삶을 그리워하거나, 첨단도시에 적응하기 위해 속앓이를 하는 사람도 있겠지만 대부분은 이런 변화된 삶을 누리며 즐거워하게 될까? 스마트하게 변화한 환경을 그저 주어진 삶터, 당연한 환경으로 여기고 살아가게 될까?

다시 한번 눈을 들어 에코델타시티 현장을 내려다본다. 마침 전망대의 남서쪽 명지동에는 에코델타 스마트시티의 첫 주거지, 스마트 빌리지[42]가 들어서 있는 것이 보인다. 다른 곳에서도 아파트 기초공사들이 착착 진행되고 있다. 수많은 건설 크레인이 하늘을 찌를 듯 서 있다. 시작이 반이라고 했는데 정말 시작이 되었다. 스마트 도시가 시작되었다.

---

[42] 에코델타시티의 스마트시티에 마련된 첫 입주 단지다. 첨단도시를 구현할 도시 시스템을 시험하게 된다. 5년 무상 임대 조건으로 56세대를 전국에서 공모하여 2020년 12월에 선정하였고, 2021년 12월부터 입주하여 거주하고 있다.

4장_ 작은 삼각주, 을숙도

모래톱이 변하여 작은 삼각주 을숙도가 되었다. 한때는 갈대숲으로 뒤덮여 있던 낭만 가득한 곳이었음을 기억하는 이가 많다. 그런 곳에 산화분지, 분뇨해양처리시설, 쓰레기 매립장이 있었다.

 하굿둑이 건설되고, 4대강 사업이 이뤄지면서 생태공원이 되었다. 축구장, 야구장 등의 체육시설도 있지만 에코센터, 탐방체험장, 야생동물치료센터, 어도관람실, 낙조정 등의 환경 관련 시설물이 많이 들어서 있다. 생태공원이라는 이름에 어울리는 것들이다.

 그냥 나서면 한나절 푹 쉬었다 올 수 있는 곳이지만, 곳곳에 의미를 담고 있는 시설물을 지나치긴 아깝다. 마음먹고 나서서 시설물 하나하나의 의미를 느껴가며 둘러보자. 을숙도 자연환경과 그 속에 남겨진 과거의 희생과 현재의 아픔을 알아보자. 그리고 사람과 자연이 어우러진 미래의 생태공간을 꿈꾸는 시간을 가져보자.

①하굿둑 전망대→(100m 도보 1분)→②하굿둑 건설 기념물→(400m 도보 5분)→③자전거 대여소→(2km 자전거 10분)→④메모리얼 파크→(700m 자전거 5분)→⑤탐방체험장 옥상전망대→(10m 도보 1분)→⑥분뇨해양처리 저류조 정원→(50m 자전거 1분)→⑦침출수 이송관로 매설지→(300m 자전거 2분)→⑧탐조전망대→(500m 자전거 3분)→⑨을숙도 자연습지→(3km 자전거 15분)→⑩어도전시관→(10m 도보 1분)→⑪제2하굿둑→(1.2km 자전거 6분)→③자전거 대여소

1980년대의 낙동강 하구와 을숙도

지도1)(151쪽)는 낙동강하굿둑2)이 건설되기 직전 명지와 을숙도의 모습이다. 자세히 살펴보자.

가운데 명호도라고 되어 있는 곳이 명지 땅이다. 명호도의 서쪽 서낙동강 쪽을 보면 노적봉이 있고 노적봉의 서쪽 둑이 녹산수문인데 지도에는 녹산교라고 적혀 있다. 북에서부터 서낙동강으로 흐르는 물은 노적봉 좌우의 녹산수문과 둑에 막혀 일단 멈춰 있다. 둑의 남쪽으로는 상당한 지형변화가 일어났다. 자연 상태의 해안선이 있어야 할 곳이지만 매립공사라는 인공적인 힘에 의해 직선의 해안선이 만들어지고 엄청난 면적의 육지가 확보되었다. 명호도의 서부지역인 명지방조제의 바깥 매립지는 습지와 논으로 표현되었고3) 신호리의 북쪽 매립지는 논으로 이용되고 있다.4)

명호도의 동쪽, 낙동강 본류5) 쪽을 보자. 강물은 바다를 향해 트여 있어 자연스럽게 흐른다. 인공이 가해진 느낌이 전혀 없다. 강의 한가운데는 작은 삼각주가 있다. 그곳을 명지동6)이라 해 두고, 일웅도와

---

1) 김해 1:50,000 지형도, 1973년 편집, 1982년 수정, 1985년 인쇄, 국립지리원.
2) 낙동강하굿둑은 1983년 9월에 착공하여 1987년 11월에 준공되었다.
3) 명호도 서쪽 부분은 1982~1985년에 쓰레기 매립이 이뤄졌던 곳이다. 지도는 쓰레기 매립 직전 습지와 벼농사 지역으로 이용되던 모습이다.
4) 신호리 북쪽 매립지는 녹산간척지라고 이름하던 곳으로 1967년에 매립지를 완성하였으며, 현재는 신호산업단지로 변해 있다.
5) 북에서 남으로 흘러 내려오던 낙동강은 대저수문을 기점으로 두 갈래로 나뉜다. 대저수문에서 서쪽으로 흐르는 물줄기를 서낙동강으로 부르는 반면 대저수문에서 남으로 곧장 흐르는 주된 물줄기를 두고 낙동강 본류라고 한다.

을숙도를 적어 두었는데, 이 두 섬이 하나가 되어 지금의 을숙도가 된다.

　을숙도는 길게 남북으로 뻗어있는 모습이고 그 남쪽으로 진우도, 대마등, 장자도가 모래톱을 이루고 있다. 이름 없는 모래톱 하나가 더 보이는데 지금의 백합등일 것이다. 요즘은 더 많은 모래톱(나무싯등, 도

1982년 무렵 명지 부근의 삼각주 모습(국토지리정보원 국토정보플랫폼)

6) 현재 을숙도는 강서구 명지동이 아니라 사하구 하단동에 속한다.

요등, 신자도)이 생겨나 있으나 지도에는 보이지 않는다. 또 하나 하단 나루 남쪽의 신평지역 일부는 아직 육지화 되지 않았다. 자연 상태의 모래톱이 들어차 있으며 습지로 표현되어 있다.

전체적으로 서낙동강 쪽은 인공의 힘이 강하게 드리워졌다. 녹산수문이 건설되고 난 후 강의 흐름이 막히면서 강물로서의 자연성을 잃어버렸을 뿐 아니라 그 남쪽으로 많은 매립이 이루어져 상당한 지역이 육지화 되었다. 드넓은 바다가 육지로 변하면서 바다는 서낙동강의 폭만큼 좁아졌다. 이에 반해 낙동강 본류 쪽은 물의 흐름이 자연스럽다. 강물에 의한 운반, 퇴적 작용이 활발하게 일어나고 있다. 을숙도를 비롯하여 신평지역은 자연 상태의 모래톱이 형성되고 강과 바다를 따라 나타나는 해안선이 자연스런 모습이다.

여기서 을숙도의 모습만 좀 더 자세히 살펴보자. 섬 모양은 낙동강의 흐름을 따라 길게 뻗은 고구마 모습이다. 자연 상태의 모습을 반영하듯 사이사이로 물골이 잘 발달해 있어 언뜻 보면 여러 개의 섬이 이어진 것 같다. 특히 가운데 부분에 섬을 두 개로 나누는 작은 물골이 나 있다. 이 물골은 북쪽의 일웅도와 남쪽의 을숙도를 나누던 곳인데, 이때는 이미 나룻배조차 통행할 수 없을 정도로 물골이 얕아졌던 것 같다. 그랬기에 하단나루에서 을숙도를 지나 명지도선장까지 가는 배가 얕아진 물골을 지날 수 없어 지도에는 북쪽 일웅도를 빙 둘러 가도록 되어 있다. 일웅도와 을숙도가 하나의 섬으로 되어가는 모습이다. 작은 모래톱들이 하나둘씩 합쳐지면서 보다 큰 모래톱으로 발달해 가는 삼각주 형성 과정의 일면을 잘 보여준다. 섬의 남쪽으로 뻗어있는 모래톱은 주변

갯벌을 덮으면서 점점 더 커져 갈 것 같다.

이번엔 섬 안을 자세히 보자. 섬에는 등고선이 전혀 없다. 경사가 없는 평지임을 의미한다. 땅은 전부 습지로 표현되어 있고 농경지를 찾을 수 없다. 점으로 표현된 주거지 모습이 간간이 보이고, 붉은색 선으로 그려진 제방도 보인다. 도로는 집과 집을 연결하는 오솔길 정도뿐

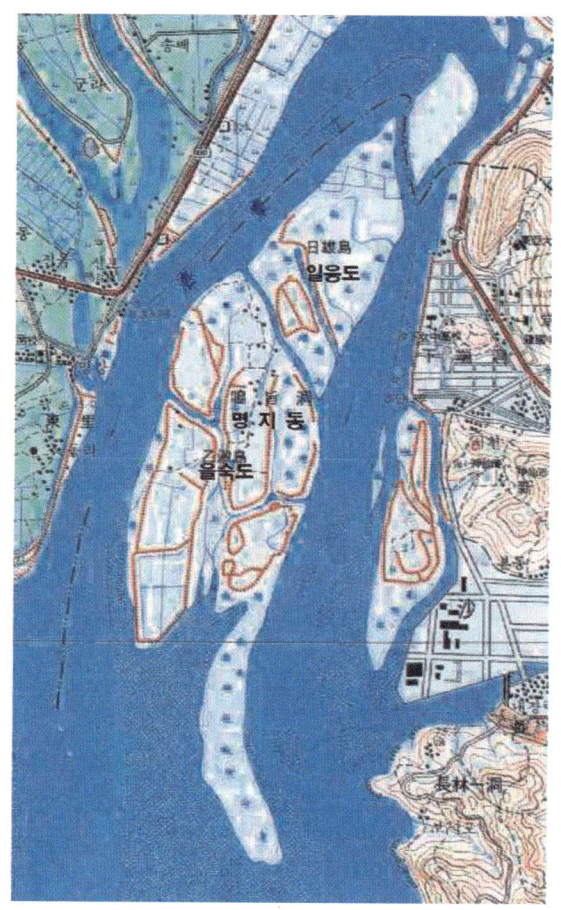

1982년 무렵 을숙도(국토지리정보원 국토정보플랫폼)

이고 육지와 연결되는 다리도 없는 상태다.

당시 을숙도는 갈대로 뒤덮힌 습지가 가득한 곳이었다. 농경지가 없었을 뿐 아니라 홍수 때면 거대한 바닷물과 강물의 위협에 노출되어 생존의 위협을 받는 곳이었다. 오직 나룻배만이 육지와 유일한 연결 통로였으니 결코 주민들이 거주할 만한 곳이 아니었다.[7] 이런 열악한 곳이 어쩌다 한 번 방문하는 사람들에게는 자연이 주는 더할 수 없는 낭만을 느끼게 해 주었다. 하단나루에서 배를 타고 건너오면 엄청난 갈대숲의 장관을 볼 수 있었다. 갈대와 갯골, 그리고 석양의 노을까지 어우러진 그야말로 환상적 분위기를 만끽할 수 있었다. 당시 젊은이였다면 이곳을 오가며 갈대숲에서 찍은 추억의 사진 한 장쯤은 있을지 모르겠다.

낙동강하굿둑[8]이 건설되면서 을숙도에는 대대적인 변화가 일어났다. 원래 모양이 변형되었음은 물론, 환상적 분위기를 연출했던 천연의 갈대숲과 갯골은 많은 부분 원형을 잃게 되었다. 공원화되면서 주민들은 살지 못하게 되었고, 무엇보다 옆을 흐르던 낙동강물이 인공의 힘에 의해 가로막히면서 모든 면에서 자연성을 잃게 되었다. 완전히 새로운 환경이 되었다.

지금은 어떤 모습일까? 하굿둑이 건설되고 난 후 인공의 힘에 휩싸인 모습은 어떠할까? 모래톱이라는 연약한 몸으로 하굿둑의 버팀목이 되

---

[7] 요산 김정한의 소설 「모래톱 이야기」는 당시 이곳 사람들의 삶을 그려 놓은 작품이다.
[8] 낙동강하굿둑은 부산광역시 사하구 하단동과 강서구 명지동 사이를 잇는 낙동강 하구의 방조제이다. 1983년 9월에 착공하여 1987년 11월에 준공되었다.

는 데는 무리가 없었을까? 모래톱 삼각주의 모습은 유지하고 있을까? 또 공원화된 모습은 어떠할까? 공원의 많은 시설물은 모래톱 자연과 어떻게 어울려 있을까? 이번에는 을숙도를 구석구석 누벼 보기로 한다.

하굿둑 전망대에서

을숙도의 시작은 당연히 낙동강하굿둑 전망대이다.

을숙도 공영주차장에 주차를 하고 하굿둑 전망대로 향한다. 가는 길에 너른 광장을 통과한다. 낙동강 물문화관이 있고 바로 옆에는 엄청난 높이의 기념물이 솟아 있다. 자전거 종주 안내판도 보인다. 여러 시설물을 뒤로 하고 하굿둑을 확인해야겠다는 급한 마음에 곧장 전망대로 향한다. 전망대 옆 건물에 연결된 엘리베이터를 탈 수도 있지만 야외로 설치된 계단을 오르며 주변 경치를 감상한다. 빙글빙글 돌아가는 계단을 따라 을숙도의 경관이 사방으로 펼쳐진다. 꼭대기에는 제법 넓은 전망 공간이 만들어져 있고 을숙도에 걸쳐진 하굿둑의 모습이 오롯이 들어온다. 저곳이다.

11개의 수문탑이 있고 그 사이사이 아래로 수문이 있다. 저곳을 기준으로 남쪽은 바다고 북쪽은 강이다. 수문 외에도 가까이 배가 다니는 물길을 따라 갑문이 있음을 짐작할 수 있다. 물고기들이 다니는 어도도 만들어 놓았다지만 어도는 어디 있는지 가늠하기 어렵다.

전망대에서 내려다보는 하굿둑은 생각보다는 그 규모가 커 보이지 않는다. 거대한 강의 크기보다 더 큰 구조물을 연상했기 때문일까? 강 가운데 물막이용 시설물이 그냥 일렬로 놓여 있는 것이 간단하고도 단순하게 보인다. 댐과 같이 물을 가두어 두는 웅장한 시설이 아닌 것이다.

전망대에서 본 낙동강하굿둑

하굿둑의 가장 중요한 점은 강물과 바닷물을 나눠놓는다는 것이다. 하굿둑의 안쪽(북쪽)은 강물 곧 민물이고 바깥쪽(남쪽)은 바닷물, 즉 짠물이다. 굳이 하굿둑을 만들어 민물 지역과 짠물 지역을 구분한 것은 민물인 강물을 식수9) 및 농업·공업용수로 이용하기 위함이다. 전망대

---

9) 부산 시민의 식수 대부분은 하굿둑에서 상류 쪽으로 25㎞쯤 떨어진 물금취수장과 매리취수장에서 취수가 이뤄진다. 하굿둑 건설 당시 가뭄 때 낙동강을 타고 올라온

에서 바로 눈앞에 보이는 물이 민물이다. 이 물이 현재 부산 시민의 식수가 되고 각종 용수가 된다. 하굿둑 바깥쪽에 있는 짠물이 하굿둑에 막혀 영향을 주지 못하니 가능하단다.

부산 시민의 식수라는 입장에서 볼 때 낙동강하굿둑은 매우 유익하고 꼭 필요한 시설물이다. 단순한 물막이 같은 구조물로 시민들에게 매일 매 순간 생존의 혜택을 누리게 해 준다는 것은 다른 구조물과 비교할 수 없는 가치를 지닌다. 그런데 이 일에 수많은 반대가 있었음을 기억한다. 겉으로 보이는 단순한 구조물과는 달리 이면에서 벌어지는 일은 많이 다르기 때문이다. 먼저는 하굿둑이 강과 바다를 갈라놓음으로 기수지역10)의 생태계를 단절시켰다. 낙동강 전체의 생태계를 다른 모습으로 바꿔 버렸다. 이곳을 오가며 생존하는 동식물들의 살아갈 터전을 파괴시킨 셈이다. 또 하나, 상류에서 내려오는 오염물질이 바깥으로 빠져나가지 못하게 되었다. 어쩔 수 없이 오염물질은 하굿둑 안에서 쌓이게 된다. 그것이 1년, 2년을 넘어 수십 년 계속된다. 당연히 문제가 발생하게 된다.

낙동강하굿둑의 건설은 그 누리는 혜택만큼이나 심각한 환경문제11)

바닷물의 영향으로 물금취수장에서 취수한 물에서 짠맛이 나서 수돗물로서 역할을 하는 데 큰 어려움을 겪고 있었다. 하굿둑을 건설하여 바다에서 올라오는 짠물을 막아야만 낙동강 물을 식수로 사용할 수 있었다.

10) 기수지역이란 바다와 맞닿은 강 하구 지역으로 민물과 짠물이 서로 뒤섞이는 곳이다.

11) 가장 중요한 두 가지 문제는, 첫째 바닷물과 강물의 교류가 끊어지게 됨으로써 생기는 생태계 변화로 인해 각종 물고기와 조개들이 생존하기 어려워진다는 점이다. 그리하여 어민들의 삶터가 상실되고 천연기념물 철새도래지가 유지되기 어려울 것으로 보았다. 둘째 낙동강 중·상류에 위치한 대구, 구미 공단에서 내려오는 오염된 물을 내어보내지 못해 오염이 누적된다는 점이다. 시간이 지나 오염이 심해지면

를 안고 있었다. 개발과 환경보호라는 모순된 과제가 첨예하게 대립되었던 셈이다. 그럼에도 건설은 이뤄졌고 이제는 35여 년이나 지났다. 그러면 되묻게 된다. 하굿둑은 잘 건설되어 당당히 버티고 있고 그 혜택은 오롯이 누리고 있는데, 제기되었던 환경문제는 어떻게 되고 있을까? 건설 당시 외치던 상황에 비하면 별달리 말이 없고 조용한 게 이상하다. 예상했던 것과 달리 환경문제는 발생하지 않은 것일까? 환경문제라는 것은 오랜 시간 잘 드러나지 않기 때문에 아직도 문제화되지 않은 것인가? 환경문제를 적극적으로 대처하겠다고 하며 건설한 만큼 그에 대한 대처나 보완 조치를 잘해온 까닭일까? 거꾸로, 생각 이상의 심각한 문제에 빠져 있는 것은 아닐까? 점점 심각해져 어쩔 수가 없어 쉬쉬하며 알려지기를 꺼리고 있는 것은 아닐까? 정말 환경 상태는 괜찮은 것일까?

그동안 수많은 보도 자료나 뉴스에서 이 문제를 거론하는 것에 관심을 갖고 지켜보았다. 대부분 환경문제에 대한 예상이나 추정하는 이야기만 많았다. 안타깝게도 근본적인 두 문제에 대한 대책이나 보완적인 활동 결과에 대해선 잘 듣지 못했다. 어떻게 된 것일까?

우리가 아는 선진국은 환경문제를 그냥 내버려 두지 않는다. 개발을 위한 파괴는 있을지라도 그에 대한 대안을 제시하고 보완하고 배려하는 활동을 적극적으로 전개한다. 그동안 우리가 성장에 매몰되어 이런 일을 돌아보지 못했다면 이제는 다르다. 그렇게 할 수 있는 힘이 생겼다. 경제 선진국이라 자처하는 만큼 그에 걸맞은 일을 전개해 가야 한

식수 사용도 더 어려워질 것으로 보았다.

다. 성장의 배후에 생긴 그늘을 뒤돌아보고, 성장으로 인한 희생을 보상할 수 있어야 한다. 하굿둑으로 인해 생긴 환경문제에 대해서도 적극적으로 드러낼 뿐 아니라 대책이나 대안을 이야기해야 한다.

최근에 와서 하굿둑 수문개방을 통해 기수지역 생태계 복원을 위한 실험적 활동이 있음을 주목한다.[12] 바닷물을 강물 쪽으로 들여보냄으로 기수지역의 생태계 복원을 위한 가능성을 타진하는 것이다. 당연히 식수와 농업용수에 피해를 주지 않는다는 전제다. 분명한 것은 낙동강 하굿둑의 근본 문제를 짚는다는 뜻에서 정말 의미 있는 시도로 여겨진다. 지금은 몇 번의 실험적인 시도를 거쳐 일부 수문을 상시 개방하고 있다. 어떤 결과들이 나올지 알 수 없지만 이것이 단순히 형식적으로 보여주기 위한 활동이 아니라면 매우 긍정적이고 합당한 시도들이 이어질 수 있을 것 같다. 35여 년 동안 안고 왔던 환경문제에 대한 대안 활동의 바탕이 될 수 있을 것 같다. 이런 활동이 지속적으로 이뤄지고 그 결과들이 알려지길 기대한다. 그리하여 낙동강하굿둑의 환경문제가 이렇게 보완되고 저렇게 대처되어 우리가 살아가고 있는 환경이 이러하게 되었다는 이야기가 속속 들려 왔으면 좋겠다.

멀리 눈을 들어 본다. 남쪽 하굿둑 바깥쪽으로 바닷물과 하늘이 어우

---

[12] 낙동강하굿둑 수문개방은 단계적으로 시도되었다. 1차는 2019년 6월 6일, 2차는 2019년 9월 17일에 이뤄지면서 짠물의 유입으로 인해 지하수에 어떤 영향을 주는지를 집중적으로 분석하였다. 3차는 2020년 6월 4일~7월 2일에 시도되어 바닷물이 상류로 이동하는 거리를 관찰하여 어류의 이동 여부에 어떤 영향을 미치는지를 분석하였다. 4차는 2021년 4월 26일~6월 21일, 6월 22일~7월 20일, 8월 20일~9월 15일, 10월 19일~11월 12일 4차례에 걸쳐 장기개방에 대한 시범 운영을 하였다. 이후 2022년 2월부터 대조기 때(밀물 수위가 높아져 바닷물 유입이 가능한 매월 음력 보름과 그믐 무렵) 상시 개방을 하고 있다.

러진 모습이 눈을 휘감는다. 삼각주 을숙도의 남쪽 부분도 초록의 싱그러운 들판이 펼쳐져 있다. 을숙도대교가 곡선으로 휘어지는 모습도 보인다. 반대로 하굿둑 안쪽의 강물은 평안하기 짝이 없다. 고요하게 드리워져 있다. 상류 쪽으로 쭈욱 펼쳐지는 강물은 맑고도 산뜻하게 눈에 다가온다. 하굿둑 건설 후의 새롭게 변한 모습이다. 혹시라도 이것이 겉으로만 좋아 보이는 환경은 아닌가 생각한다. 모르는 사이에 안으로는 더 많이 파괴된 채 속으로 아픔을 감당하고 있는 것은 아닐까 하는 생각도 해 본다.

그러나 이러한 생각과는 별개로 하굿둑은 당당히 강물을 가르고 있고, 하굿둑 위를 달리는 자동차는 여전히 쉴 새 없이 지나고 있다.

하굿둑 건설 기념물을 감상하다

을숙도 전체를 어떻게 돌아볼까 생각하며 전망대 계단을 내려오려는데 눈앞에 엄청난 크기의 기념물이 다시 눈에 들어온다. 하굿둑 전망대 높이보다 더 높게 만들어 놓은 기념물. 분명히 하굿둑 건설과 관련된 기념물일 것이다. 좋은 의미로 마음을 끄는 것이 아니라 왠지 거슬린다. 눈을 돌리고 싶지만 의도적으로 가서 확인해야 할 것 같다. 기념물 자체에 대한 감상보다 저렇게 크게 만들어 놓은 의도를 알고 싶다. 그 속에 담아 놓은 생각들을 알아보고 싶다.

전망대를 내려가서 기념물 앞에 선다. 기념물 가운데 아래에는 '복지

낙동강하굿둑 건설 기념물

의 새 기지 낙동강 하구둑'이라는 글귀가 쓰여 있다. 하굿둑을 세우고 그것을 기념하는 기념물인 셈이다. 그 아래에 '대통령 전두환'이라는 이름도 쓰여 있다. 역시 하굿둑 건설의 위업을 자랑하고자 하는 기념물이다.

단순 기념물치고는 크기가 엄청나다. 모양은 하늘을 찌를 듯 세워진 한 개의 뽈대만 두드러져 보인다. 한눈에 보아도 더 크게, 더 높이 세워야 자랑이 된다고 생각했던 것 같다. 그렇게 하굿둑을 만든 사실을 위대한 사업으로 마음껏 자랑하고 있다. 과시적이고 위압적인 모습이다.

그렇게 자랑하고 싶었을까? 그렇게 내세우고 싶었을까? 어찌하여 이 모양으로 만들었을까 싶다. 이러한 생각이 지나쳤나 싶어 달리 생각해 보려 하지만 기념물 뒤편에 기록된 글[13]에서는 더욱 그런 자랑을 드러내고 있다. 너무나도 당당하고 배려라고는 찾아볼 수 없다. 더 이상 기념물을 보고 있을 마음이 없어진다.

낙동강하굿둑이 만들어지던 시절의 권위주의를 보여주는 대표작이다. 정부는 자신이 만든 업적을 과시하듯 내세우고 있었다. 개발의 성과가 중요했고 개발로 인한 환경파괴 같은 것은 안중에도 없었다. 설령 환경문제에 대한 여론을 의식한 어떤 대안이나 대책이 있었다고 하더라도 진정성을 기대할 수 없었다. 건설, 개발, 성공이 우리 사회의 분위기를 지배하던 시절이었다. 그런 시대 분위기가 기념물에 흠뻑 배어 있다.

기념물의 모양도 전혀 감동을 주지 못한다. 높이와 크기만 잔뜩 으스대고 있다. 뽈대만 우뚝 솟은 모양이다. 어디선가 본 다른 기념탑 모습과 비슷하다. 앞에 새기는 글자만 다를 뿐이다. 기념물 모양은 왜 어디서나 이렇게 비슷할까 싶다. 아마도 관에 의해 관행대로 만들어진 기념물이기 때문일 것이다. 그러니 사람들은 하굿둑 기념물을 그냥 지나칠 뿐 감상하지 않는다.

그런데 정면 한쪽에 작품을 설명하는 비석이 있다.

"물이 생명의 근원… 은빛 무지개, 철새, 돌고래… 인간과 자연, 자

---

[13] "이 둑을 위해 땀 흘려 일한 모든 건설 역군(建設役軍)의 앞날에 영광(榮光)이 있을지어다. -건설부(建設部)-"

연생태환경, 지혜와 자유…"14)

이건 또 무슨 말이지? 이 거대한 콘크리트 기념물이 무슨 이런 의미를 갖는단 말인가! 다시 처다보지만 이해가 안 된다. 눈을 크게 뜨고 상하 좌우를 둘러보는데, 기념물 옆과 앞에 설치해 놓은 조각작품이 눈에 들어온다. 저것이구나! 그렇구나, 저 조각작품을 설명하는 글이구나!

그런데 아쉽다. 그 의미를 느끼자니 거리가 멀다. 작품을 감상할 수가 없다. 더구나 기념물의 위용에 눌려 작품이 작품 같아 보이지 않는다. 오히려 왜 저기에 있는지 의문을 갖게 한다. 왠지 생뚱맞다는 느낌, 조각품 본래의 의미를 가져다주지 못한다는 생각에 갑갑하기만 하다.

다시 정면에 서 본다. 기념물과 조각품을 같이 바라보며 그에 담긴 의미를 읽어 본다. 그래! 기념물은 빼고 조각품만 있어도 충분할 것 같다. 조각품만으로도 이곳 낙동강하굿둑이 갖는 의미를 충분히 드러낼 수 있을 것 같다. 그렇다면 조각품만 들어내어 딴 곳에 이동하면 어떨까? 하굿둑이 바로 보이는 가까운 잔디밭에 말이다. 그리하여 하굿둑을 보면서, 조각품을 보면서 정말 물, 무지개, 인간과 자연이 어우러진 모습을 그려갈 수 있으면 좋겠다. 자연과 환경을 생각하는, 자연스러운 소망을 꿈꿀 수 있었으면 좋겠다.

---

14) 작품명 : 은빛 무지개, 작가 : 김외칠
   작품 내용 : 물이 생명의 근원임을 주제로 한 작품으로 중앙의 은빛 무지개는 물이 인간과 자연을 탄생시키는 것을 형상화하였고, 우측에 비상하는 철새는 건강한 자연생태환경이 지속적으로 유지되길 기원하는 의미를 담았으며, 좌측에 힘차게 유영하는 돌고래는 지혜와 자유를 표현하였다.

자전거 대여소를 출발하여 을숙도 한 바퀴

주차장으로 돌아와 을숙도를 어떻게 돌아볼까 고민하고 있었는데, '자전거 무료 대여'15)라는 간판이 보인다. 옳지, 이거다! 을숙도는 비록 대저나 명지만큼 큰 삼각주는 아니지만 그래도 범위는 만만찮다. 자동차가 들어갈 수 있는 곳이 한정되어 있어 걸어가기는 힘들 것이라고 생각하고 있었는데, 자전거대여소가 나타났다. 대여소는 주말에 최장 1시간 반을 빌려준다. 그 정도면 을숙도 전체를 충분히 돌아볼 수 있단다. 그래, 을숙도에는 온갖 시설물이나 전시관이 있지만, 그런 것들은

을숙도 자전거 길

---

15) 자전거 무료 대여는 09:30~16:00이라는 한정된 시간에 운영한다.

다음 기회로 넘기고 오직 삼각주 을숙도의 자연환경, 가능하다면 작은 삼각주 모습 전부를 본다는 마음으로 을숙도 전체의 분위기를 느껴봐야겠다.

자전거를 빌린 후 을숙도를 소개하는 안내판 앞에 선다. 하굿둑을 통과하는 낙동남로는 을숙도를 남북으로 나누고 있다. 북쪽 부분은 축구장, 야구장 등의 체육활동을 위한 체육공원으로 꾸며져 있고 남쪽 부분은 철새공원이다. 에코센터, 탐방체험장, 탐조전망대 그리고 습지지역 등 생태환경 위주의 시설물이 갖춰져 있다. 당연히 남쪽 부분을 집중해서 돌아보는 것이 좋겠다.

자전거를 타고 남쪽으로 향한다. 낙동남로 아래쪽으로 난 굴다리를 통과한다. 얼마 가지 않아 낙동강 하구 에코센터와 탐방체험장을 안내하는 표지판이 나온다. 에코센터[16]는 낙동강 하구의 생물과 환경에 대한 시민들의 이해를 높이기 위해 마련된 전시 공간이다. 다음에 따로 시간을 내어 관람하기로 하고 탐방체험장이라는 안내판을 따라 더 남쪽으로 난 직선 길로 들어선다.

동쪽으로 하굿둑에서 연결된 바다가 바로 펼쳐진다. 서쪽으로는 인공으로 만들어진 나무숲이 펼쳐지는데 사이사이로 습지탐방로라는 안내판이 있는 것으로 보아, 걸어서 다닐 수 있는 샛길을 만들어 놓은 모양이다. 남으로 곧게 뻗은 길을 따라 자전거에 몸을 맡긴다. 한참을 경사 없이 자전거에 의지하여 달린다. 페달을 밟을수록 남쪽으로 탁

---

[16] 에코센터에는 낙동강 하구의 역사와 생성 과정, 서식하고 있는 철새 등을 전시해 놓았으며, 을숙도 모래톱 환경과 철새 모습을 조망할 수 있는 공간도 마련되어 있다. 또한 하구 답사, 식물 관찰 등의 다양한 체험 프로그램을 진행하고 있다.

트인 시야가 더 넓어지고 속도를 더해 갈수록 얼굴에 부딪히는 바람이 시원하다. 평온한 자연 속에 어우러진 느낌이다. 자연에 대한 기대감이 솟구치며 풍성한 마음이 인다. 자전거는 점점 남쪽의 바다로 향해 나아간다.

메모리얼 파크에서 무엇을 기억하시나요?

남쪽으로 나아가는 중에 길 서쪽으로 주차장이 나타난다. 자동차를 타면 여기까지 올 수 있겠다. 주차장 입구에는 '메모리얼 파크'라는 이름을 달아 놓았다.

메모리얼? 뭘 기념한다는 말이지? 이런 생각을 안고 공원을 이리저리 다녀본다. 넓은 주차 공간 사이로 작은 언덕과 함께 잔디 공원이 꾸며져 있다. 언덕은 돗자리 펴고 드러누우면 딱 좋을 것 같다. 그런데 주차 공간 한쪽 편에 심상찮은 구조물 하나가 보인다. 무슨 부서진 콘크리트 건물 같다. 구조물 앞의 안내판에는 '이 콘크리트 조각은 뭘까'라는 제목과 함께 을숙도 쓰레기 매립장[17]과 압축시설에 대한 이야기를 해 두었다.

---

17) 을숙도 쓰레기 매립장은 1993~1997년 사이 부산의 쓰레기를 매립했던 곳이다. 석대 쓰레기 매립장이 포화상태에 이르고 이어 생곡 쓰레기 매립장이 준비가 덜 된 상태에서 그 사이에 임시방편으로 사용했던 곳이다. 사용 후 자연을 복원하는 조건으로 1차 매립이 1993.09~1995.10월까지, 2차 매립이 1995.11~1997.12월까지 이루어졌다. 국내 최초의 압축 쓰레기 매립 방식이 도입되었지만 기술 부족으로 포기하고 직접 매립이 이뤄졌다.

을숙도 쓰레기 매립장 압축시설 흔적

맞아! 을숙도에 쓰레기 매립장이 있었지. 이곳이구나! 콘크리트는 쓰레기 압축시설의 흔적이구나! 의미를 알고 눈을 들어 둘러보면서 압축시설의 흔적이 이것이라면 쓰레기가 매립된 장소는 어디지 싶다. 사실 을숙도 쓰레기 매립장은 국내 최초의 압축 쓰레기 매립 방식을 도입했지만 기술 부족으로 압축을 포기하고 직접 매립을 했었다. 천혜의 자연환경이 어떤 보호 장치도 없이 쓰레기로 뒤덮였던 지난날의 안타까운 역사가 있었다. 그래서 압축시설보다 쓰레기 매립지가 더 궁금하다. 지금은 어떻게 되어 있을까? 공원 부근일 것 같은데… 어쩌면 지금 밟고 있는 공원 아래에 쓰레기가 묻혀 있는 것은 아닐까? 쓰레기장 하면 온갖 더러운 것과 악취로 접근할 수 없는 곳이 연상되는데 잘 만들어진 공원에서 쓰레기장을 연결시키려 하니 매우 난감하기만 하다.

일단 좀 더 돌아보자 싶어 자전거를 타고 주차장과 언덕 주변의 잔디밭 사이를 오가는데 또 다른 안내판이 보인다. 을숙도 쓰레기 매립장을 설명하는 글과 '메모리얼 파크'가 쓰레기를 압축하던 시설이 있던 곳이라고 다시 한번 설명해 두었다. 이 안내판에도 매립지의 범위는 표현해 두지 않았다. 지도 한 장 정도 그려 놓았으면 좋을 텐데 설명하는 글만 있으니 안내판 내용이 좀 갑갑하게 느꼈다. 분명한 것은 주차장과 공원으로 꾸며진 메모리얼 파크는 쓰레기를 압축하던 곳으로 쓰레기 매립장은 이 보다 더 넓은 다른 곳에 있을 것이다.

을숙도 쓰레기 매립장의 범위는 어떻게 될까? 아주 많이 궁금하다. 혹시나 싶어 핸드폰으로 위성지도를 검색해 본다. 지도를 켜자 이곳 을숙도 '메모리얼 파크' 부근이 현재 위치로 잡힌다. 낙동강물이 보이고 을숙도의 물길 사이로 공원이 만들어진 것이 보인다. 이리저리 화면을 이동하면서 확대, 축소해 보는데, '1차 쓰레기 매립장 생태복원지'라는 지명이 등장한다.

이곳이다! 쓰레기 매립장의 범위가 눈에 잡힌다. 지도를 보며 실제 위치를 함께 가늠해 보니 서 있는 곳에서 남쪽의 넓은 지역이다. 공원을 포함하여 공원의 남쪽 전체가 1차 쓰레기 매립장이다. 눈을 들어 남쪽

1, 2차 쓰레기 매립장 생태복원지의 위치(네이버 지도)

을 바라보니 숲이 가득한 언덕이 있고 접근하기는 어려워 보인다. 그리고 '2차 쓰레기 매립장 생태복원지'도 있다. 공원의 북쪽으로 잇닿은 물길 건너편 지역이다. 돌아서 북쪽을 바라보니 물길 건너 역시 숲이 들어찬 공간이 멀리 보인다. 그렇다면 서 있는 이곳은 을숙도 1차 쓰레기 매립장과 2차 쓰레기 매립장 사이의 한가운데다. 속으로 삼각주 말단의 아름다운 습지를 은근히 기대하며 나섰는데 쓰레기 더미 사이에 서 있는 셈이 되어 왠지 허탈하다.

그래도 이런 쓰레기 매립장에 공원을 만들어 놓았다는 것에 마음이 끌린다. 무슨 의미일까? 그 이름을 '메모리얼 파크'라고 했다. 뭘 기념한다는 것인가? 한마디로 이곳이 쓰레기 매립장이었단 사실을 기념하겠다는 의미다. 천혜의 자연 모래톱 삼각주를 쓰레기장으로 만든 엄청난 환경파괴의 현장, 누가 생각해도 하지 말았어야 할 행동, 이를 잊지 않겠다는 의미이겠다. 그렇다면 기념물로서의 '메모리얼 파크'는 작지만 그 의미는 작지 않다. 그냥 주차장과 잔디 언덕으로만 되어 있는 어슬픈 공원으로 보이지만 더 큰 의미와 상징을 안고 있다. 지난날 잘못에 대한 진솔한 반성적 의미를 담고 있다. 잔디 언덕, 주차된 자동차, 가족 단위로 어울린 사람들… 조용하고 평화로운 모습이다. 하지만 이 조용함과 평화로움이 사실의 전부가 아님을 이야기하고 있다.

위성지도에서 보는 매립지의 범위는 꽤나 넓다. 매립지도 돌아볼 수 있을까? 지도에는 쓰레기 매립장 외곽을 따라 길이 만들어져 있는 것이 보인다. 자세히 보니 처음 을숙도 안내판을 보며 자전거 길을 그려 보았을 때의 길과 일치한다. 자전거를 타고 길을 따라가면 그것이 쓰레기 매립장을 한 바퀴 돌아보는 것이 되겠다. 잘 되었다. 이제부터는 쓰레기 매립장 속에 있다는 생각을 하며 자전거를 타고 가야겠다.

들어왔던 메모리얼 파크 입구를 나서서 다시 남쪽으로 자전거를 몬다. 을숙도대교 아래를 지나 을숙도의 남쪽 끝으로 향한다.

탐방체험장 옥상전망대에서

을숙도 남쪽 끝에 이르니 탐방체험장[18]이란 건물이 세워져 있다. 잠시 쉴 겸, 자전거를 세워 놓고 체험장을 이리저리 둘러본다. 탐방 체험을 위한 배를 대는 곳이 있고 체험선이 보인다. 건물 안에는 작은 도서관이 있고 쉬어갈 수 있는 공간도 보인다. 이곳저곳 구석구석을 돌아보는데 옥상 전망대라는 안내 글귀가 보인다. 전망대? 을숙도의 모래톱 모습을 볼 수 있을지 모른다는 기대감에 얼른 옥상으로 올라간다. 전망대 난간에 가까이 다가가는 순간, 을숙도 남쪽의 경치가 활짝 펼쳐진다.

이거다! 감탄사와 함께 눈이 번쩍 뜨인다. 전망대 난간을 붙잡고 가까이에서 멀리까지, 왼쪽 오른쪽으로 눈 돌리기 바쁘다. 갈대숲 가득한 자연 상태의 을숙도 모래톱이 코앞에서부터 한참을 이어지고 있다. 탁 트인 남쪽 바다가 멀리 펼쳐지고 푸른색은 햇살을 받아 거의 하얀빛이 되어 눈부시게 와 닿는다. 가덕도, 거제도가 아스라이 보이는데 떠 있는 모래톱은 보일 듯 말 듯 하게 바닷물에 걸쳐 있다. 이것이 낙동강 하구 대자연의 모습이다. 내심 보고 싶었던 모습이다.

특별히 사람의 손길이 전혀 닿지 않은 갈대숲이 유난히 매혹적이다. 불어오는 바닷바람에 갈대숲이 춤추듯 흔들리고 있다. 자연 이외에는 아무도 건드리지 않는다. 자연과 자연끼리 만나고 헤어진다. 그렇게

---

[18] 탐방체험장은 낙동강하구의 모래톱을 체험할 수 있는 배를 운행한다. 안전을 위해 예약에 의해 부정기적으로 운영한다.

만나고 헤어지지만 자연은 만남의 흔적을 남기지 않는다. 자연스럽게 만나고 자연스럽게 헤어질 뿐 본연의 모습을 그대로 유지하고 있다. 이것이 천연의 모습이다. 그 모습을 한참 동안 응시한다. 보면 볼수록 신비스럽다.

옥상전망대에서 본 을숙도 남쪽 바다

어떻게 보면 당연한 자연의 이치인데 이곳에서 보니 유달라 보인다. 왜일까? 자주 볼 수 없는 장면이기 때문일까? 을숙도 갈대숲이 특별하기 때문일까? 그보다 중요한 것은 천연이라는 작품 자체를 보고 있기 때문이겠다. 그 속에서 오직 '자연 그대로가 좋다', '자연스러움이 좋다'는 자연의 외침을 듣고 있다. 자연스럽게 평안함이 느껴진다. 평안함이 이어져 마음에 풍성함을 더한다. 평안함과 풍성함으로 가득 찬 마음을 한껏 맛보며 서 있다.

크게 심호흡을 하고 다시금 낙동강 하구의 대자연을 바라본다. 갈대숲뿐이 아니라 하늘과 바다, 천지가 천연의 모습이다. 이런 장면을 본 것만으로도 을숙도 여행은 아깝지 않다. 참 좋은 곳에 전망대를 만들어 두었다. 겨우 3층 높이의 전망대인데 이토록 좋은 감상을 할 수 있다는 게 특별하게 여겨진다.

여기서 모래톱까지 보긴 어렵다. 너무 멀리 있어 가물가물 보일 듯 말 듯 하다. 안내판에는 사진과 함께 가물가물 보이는 모래톱 이름을 달아 놓았지만 맨눈으로 확인하기는 어렵다. 관찰 망원경이 있지만 작은 렌즈를 통해선 모래톱의 맛을 느낄 수 없다. 저 천연의 모래톱까지 다 볼 수 있으면 좋겠는데 하는 아쉬움을 안고 돌아설 수밖에 없다.

자연 수난의 현장, 분뇨해양처리 저류시설 정원

탐방체험관 옥상전망대 서쪽 난간 아래로 예사롭지 않은 공간이 내려다보인다. 옛 콘크리트 건물의 흔적인 것 같은데 뭘까 싶다. 내려오자마자 체험관 바깥 공간으로 몸을 옮긴다.

가까이 가니 콘크리트 구조물과 숲 같은 나무가 어우러져 있다. 무슨 서양 중세의 성과 같은 느낌이다 싶어 신비로운 마음에 더 가까이 다가간다. 계단을 내려가니 콘크리트 건물 구석구석을 다닐 수 있게 해 두었다. 미로 같이 만들어진 콘크리트 벽면을 따라 자연스럽게 조성된 나무, 풀 등이 있고 크고 작은 설치 시설도 더해져 있다. 자세히 살펴보니 의도적으로 아기자기한 조경을 해 놓았다. 전체적으로 아름다운 정원[19]의 모습이 되어 있다. 내리쬐는 따스한 햇살이 있어서일까? 오밀조밀 잘 가꿔진 정원이 주는 맛 때문일까? 돌아보는 내내 아늑하고 온화한 느낌이 와 닿는다. 예사롭지 않은 공간이다.

분뇨해양처리 저류시설 정원

시설물 앞에는 안내판도 잘 만들어 놓았다. 요모조모 꾸며 놓은 시설물을 쳐다보면서 안내판을 하나하나 읽어나가는데 이곳은 옛날 '분뇨해

---

19) 2013년 부산시 아름다운 조경상 대상을 받았다는 기록도 붙어 있다.

양처리 저류시설'이 있던 것을 그대로 남겨 놓은 것이라고 되어 있다.

이게 무슨 말이지? 분뇨 처리 시설이라니! 이렇게 깔끔하게 잘 꾸며 놓은 곳이, 똥오줌과 관련된 곳이라니 이해가 안 된다. '메모리얼 파크'에서도 그랬듯이 여기서도 쉽게 연결이 안 된다.

'분뇨해양처리 저류시설'이란 분뇨를 멀리 해양에 버리기 위해 일단 모아 두는 시설이라고 설명해 두었다. 배를 이용하여 멀리 공해상 해양으로 버리기 전에 일단 이곳에 모아 두었다는 것이다.[20] 안내판을 읽어가며 분뇨 처리 시설에 대한 이해를 돋우고 나서 또 다른 시선으로 정원을 보게 되지만 아무리 보고 또 보아도 분뇨 처리 시설로는 연상되지 않는다. 다시 한번 구석구석 돌아보지만 고개를 갸우뚱거리기는 마찬가지다. 그만큼 깨끗하게 잘 가꾼 공간으로 변신한 까닭이다. 속으로 '이거 대단한 발상이다. 정말 대담한 변신이다!'는 외침이 터져 나온다. 우리 가까이에 이런 상큼한 변화를 맛보게 하는 것이 있다는 것에 새삼 마음이 뭉클해진다.

안내판을 좀더 읽어 보니 '분뇨해양처리 저류시설' 이전에는 이곳에 '산화분지'가 있었다고 되어 있다.[21] 산화분지(酸化糞池)? 이건 또 뭐지? 한자를 자세히 보니 산화분지의 분지(糞池)라는 말은 '똥구덩이'라

---

20) 을숙도의 '분뇨해양처리 저류시설'은 1992년부터 운영되었다. 국제법(런던협약) 및 국내 여러 상황이 바뀌면서 분뇨 해양 투기가 금지되어 더 이상 분뇨를 해양에서 처리할 수 없게 되면서 2005년 폐지되었다. 한동안 방치되었다가 2013년에 전시공간으로 탈바꿈하게 되었다.

21) 을숙도에는 1960년대부터 농민들이 분뇨를 비료로 사용하기 위해 소규모 분지(糞池)를 만들었던 것이 있었고, 1970년대는 점점 규모가 커졌다. 1975년부터 부산시는 공식적으로 대단위 산화분지를 만들어 1992년까지 운영하였다.

는 뜻이다. 그러니까 똥오줌을 공기 중에 자연적으로 산화시키기 위해 이곳에 '똥구덩이'를 만들어 놓았다는 것이다. 말이 좋아서 산화시킨다고 했지만, 실제는 부산 시내에서 수거해 온 똥오줌을 이곳에 부어 놓고, 공기 중에 말리거나 습지 속으로 빨려 들어가게 하여 없어지도록 한 것이다.[22] 자연에 의지하여 분뇨를 처리하는 방식이었던 것이다.

을숙도에 이런 것들이 있었단 말인가! 부산 시민의 쓰레기 처리도 하고 똥오줌도 처리하던 곳이었단 말인가! 부산 시민들이 멋모르고 쏟아낸 수많은 뒷볼 일을 을숙도는 온몸으로 안고 감당하고 있었다는 것이지 않은가! 쓰레기 매립도 그렇지만 분뇨 처리 시설까지 알게 되니 큰 한숨이 터져 나오면서 을숙도가 새삼 더 애처롭게 다가온다.

'산화분지' 안내판에는 다행히 지도(177쪽)가 있고 산화분지의 위치와 범위를 표현해 두었다. 공교롭게도 산화분지 지역은 1차 쓰레기 매립장과 거의 일치한다. 만들어진 시기는 쓰레기 매립장 이전이다. 그러니까 '산화분지'가 먼저 있었고 그것이 없어지면서 일부는 '분뇨해양처리 저류시설'이 만들어지고 나머지 대부분은 쓰레기 매립 장소로 이용된 것이다.

한참을 안내판 앞에서 서성인다. 정말 대단한 일이 벌어진 셈이다. 을숙도라는 자연은 인간의 뒷볼 일을 삭히기 위해 오랫동안 참고 견디는 아픔을 감당해 왔다. 똥오줌을 끌어안고, 쓰레기에 뒤덮이면서 오십 년 가까이 이어왔다. 평온한 듯 보이지만 땅 아래에 여전히 매립된 쓰레

---

[22] 분뇨의 수분이 처리되고 난 뒤 남는 분뇨 찌꺼기는 수거하여 농사용 비료로 사용하였다고 한다.

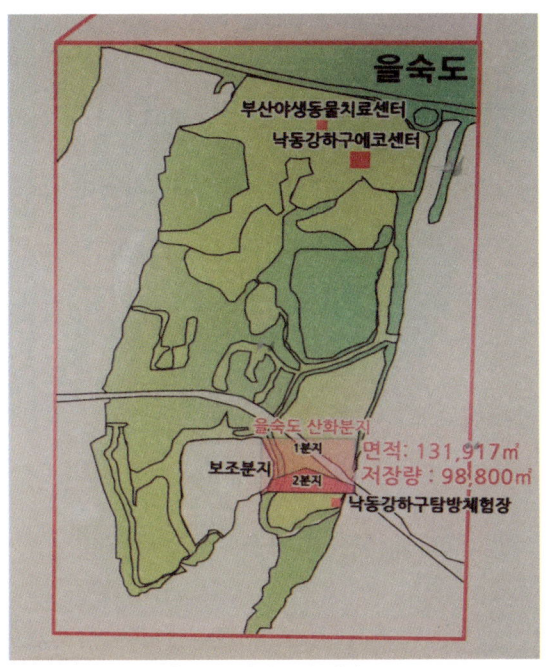

을숙도 산화분지 위치도

기를 가득 안은 채 삭혀 가고 있다.

우습게도 산화분지가 있던 당시 을숙도는 갈대숲 장관으로 소문이 났었다. 강물과 노을이 어우러진 천혜의 자연환경이 을숙도였다. 선남선녀들이 드나들던 선망의 장소요, 가장 아름다운 영화 촬영지로 알려진 곳이기도 했다. 그런 곳의 이면에선 가장 더러운 것을 받아내고 있었다는 것은 아이러니가 아닐 수 없다. 같은 장소에 극단적인 양면이 존재했다. 정말 이해 안 되고 납득하기 어려운 일이지만 엄연한 사실이다.

그런 면에서 을숙도는 눈에 보이는 자연 모습 이면에 또 다른 모습을 가지고 있다. 지금도 겉으로는 자연스럽게 펼쳐진 들판과 아름다운 정원, 평화로운 공원을 볼 수 있지만 속으로는 인간이 내팽개친 분뇨, 쓰레기를 껴안고 삭히고 있는 아픔의 공간이다. 그 아픔을 뱃속에 품고 있던 곳이다.

사실 전통사회에서 분뇨와 쓰레기는 자연 상태에서 순환되었기에 아무 문제가 없었다. 분뇨는 대부분 농경지에 뿌려져 거름으로 이용되었고, 쓰레기는 양이 적어 문젯거리가 되지 않았다. 인구증가와 함께 도시화가 이뤄지면서 도시 사람들의 넘쳐나는 분뇨와 쓰레기는 심각한 문제가 되고, 도시의 주요 관리 대상이 되었다.

수세식 화장실이 일반화되기 전, 분뇨는 집집마다 화장실 아래에 설치된 커다란 분뇨통에 모아졌고 일정한 양이 차면 퍼내어 버려야 했다. 당시 도시에는 분뇨를 퍼서 수거해 주는 사람이 있었는가 하면, 그것을 퍼담아 이동시키는 차량도 따로 있었다. 도시의 재래식 화장실이 소위 푸세식이라고 불린 이유가 이것이다.

이렇게 퍼온 분뇨를 처리하기 위한 시설이 준비되지 않은 시절에는 강이나 바다에 그냥 버리는 경우가 많았다고 한다. 부산에서는 그 장소가 대부분 이곳 낙동강 하구였다고 알려져 있다. 그만큼 낙동강 하구, 을숙도 부근은 강과 바닷물이 만나 물이 잘 흩어지는 곳이었기 때문이다. 이런 분뇨 투기에 비하면 '산화분지'나 '분뇨해양처리 저류시설'은 그나마 나은 시설물이었다고 해야 할 것이다. 일단 모아서 자연적인 처리 과정을 거치기도 하고, 배에 실어 육지에서 먼 해양으로 보내어

버리기도 하는 등 일정한 처리 과정이 있었기 때문이다.

  부산시 입장에서 생각해 보면 을숙도에 분뇨와 쓰레기 처리 시설이 있었다는 것이 일면 이해가 되기도 한다. 분뇨의 자연 처리는 을숙도가 가장 적합한 장소였을 것이기 때문이다. 갯벌과 함께 습지가 잘 발달되어 있어 분뇨의 수분을 자연 상태에서 제거하기 좋았을 것이다. 주변에 민가도 별로 없어서 냄새로 인한 민원 문제도 적었을 것이다. 을숙도가 아니면 다른 어떤 곳이 이런 시설을 감당할 수 있겠느냐고 물으면 답이 나오지 않는다. 그리고 이미 분뇨 처리 시설이 있던 곳에 쓰레기 매립장을 만드는 것도 어떻게 보면 자연스런 과정이었을 것이다. 요즘과 같이 분뇨는 '위생처리 시스템'[23]을 통해 이뤄지고, 쓰레기는 '자원 순환형 폐기물 관리'[24]를 통해 이뤄지는 입장에서 보면 정말 이해가 안 되는 일이지만 지난날 어려운 시절을 생각하면 당연한 일로도 여겨진다. 어쩔 수 없지 않은가? 그렇게라도 해야 인간이 살 수 있지 않은가? 그 정도는 어디에나 있을 수 있는 일이지 않은가? 라는 넋두리만 쉽게 튀어나오게 된다.

  그러나 분명한 것은 자연이 인간의 편리한 삶을 위해 희생되었다는 사실이다. 아무리 좋게 봐주려 해도 '그래서는 안 되었다'는 것이 마음 속 깊은 곳의 생각이다. 인간이 자연을 향해 저지른 범죄와 같은 일이었

---

23) 부산에서 발생되는 분뇨의 일부는 분류식 관로를 통하여 하수처리장에서, 일부는 정화조 및 오수처리시설 등에서 대부분 미생물을 이용한 생물학적 처리 방법을 사용하여 정화 처리한다. 처리 과정에서 발생하는 분뇨 찌꺼기는 전량 재활용된다.
24) 부산의 쓰레기는 쓰레기종량제, 재활용품 분리배출, 온실가스 배출권 판매(CDM), 소각 폐열 판매, 소각열을 이용한 발전과 난방 등으로 이용된다. 감량(Re-duce), 재활용(Re-cycle), 재이용(Re-use)의 3R이라는 정책이 추진되고 있다.

저류시설 정원의 내부 모습

다. 자연이 말을 못해서 그렇지 얼마나 아파하고 힘들었을지 인간만 모를 뿐이다. 말을 못하고 표현하지 못하는 이를 함부로 대한 것이다. 일종의 약자를 향한 강자의 횡포였다. 좀 더 신중했어야 했다. 좀 더 시간을 두고 고민했어야 했다. 더 어렵고 힘든 과정이었겠지만 또 다른 방식으로 감당했어야 했다. 어리석게도 성장과 발전이라는 화려한 목표 앞에 정신 줄을 놓은 결과였다. 분뇨, 쓰레기라는 가장 수치스런 것을 말 못하는 자연, 을숙도에게 다 뒤집어씌우고 버젓이 살아온 우리의 허울 좋은 삶의 결과였다.

을숙도에서 '분뇨해양처리 저류시설'은 정원으로, 쓰레기 매립장의 일부는 '메모리얼 파크'로 만난다. 분뇨와 쓰레기 대신 아름다운 정원과 평화로운 공원을 갖게 된 것이다. 이는 을숙도가 우리를 위해 커다란 희생을 치렀다는 것을 나타낸다. 분뇨, 쓰레기를 배출하는 인간의 뒤처리를 위해 희생된 곳임을 의미한다. 우리가 그동안 자연을 향해 '상처를 주고 아픔을 주었다, 잘 대해 주지 못했다, 미안하다'는 일종의 사과의 표현이다. '인간이 행한 일이 잘못되었다'는 솔직한 고백이다.

만든 의미를 알고 다시금 구석구석 만들어진 정원 내부를 돌아본다. 조경해 놓은 여러 식물의 잎사귀를 하나하나 만져 보고 콘크리트 벽에 손도 대어 본다. 분뇨를 가두었던 곳, 지금도 냄새가 배여 나지 않을까 싶어 손을 코에 가져간다. 아무런 냄새가 없다는 것이 오히려 신기하다. 순간 불어오는 바닷바람에 구린내는커녕 상큼한 맛이 느껴진다. 살결을 스치는 상쾌함이 와닿는다. 더할 나위 없이 잘 꾸며진 공간을 거닐고 있다. 그러는 가운데 자연스럽게 이런 말이 나온다.

'미안하다. 미안하다. 인간의 욕심만 앞섰다.'

정원 전체가 내려다보이는 데크에 서서 다시 정원을 바라본다. 주위 자연과도 잘 어울려 편안하다. 한참을 보다 뒤돌아서 나오는데, 뭔가 미진한 느낌이 강하게 든다. 감상과 함께 자연에 대한 용서까지 구해 보았지만 이것으로는 뭔가 허전하다. 무엇일까? 뭐가 부족한 것일까? 너무나도 깔끔하게 잘 만들어진 정원 작품에서 느끼는 허전함…

그래! 정원 작품 감상이 끝이 아니다. 평화로운 공원도 마찬가지다. 아름다운 정원, 평화로운 공원이 만들어진 것은 '이곳 상처, 희생에 대한 미안함'의 표현이지만, 그것을 감상하는 것에만 머물러 있으니 허전하다. 굳이 이렇게 아름답고 평화로운 공간을 만든 것은 감상을 넘어 자연을 더 아름답고 평화로운 공간으로 만들어 가겠다는 새로운 약속이다. '자연의 희생을 외면하지 않겠다'는 각오이다. 약속, 각오는 그에 합당한 활동을 전제로 한다. 희생당한 을숙도를 위해 대안적 활동을 펼쳐가는 것, 희생의 원인을 되짚고 원래의 모습으로 회복시키는 활동을 하는 것이다. 이를 위해 지난하지만 지속적인 활동에 대한 이야기가 이어지고 그 결과물이 나타나야 한다. 아쉽게도 우리 주위에서는 그런 이야기를 쉽게 들을 수가 없다. 더 적극적인 대안 활동을 찾아보기 어렵다. 그러니 허전하다. 여전히 약속과 각오에만 머물러 있는 것 같다. 약속을 해 놓고 지키지 않는 빈 약속 상태로만 보인다. 약속의 이행을 위한 무언가가 필요한 것이다.

자연은 기다리고 있을 것이다. 약속에 대한 인간의 이행을 기대하고 있을 것이다. 말로 표현하지 못해서 그렇지 수없이 참고 인내하고 있을 것이다. 결자해지[25]라는 말이 있듯이 인간이 나서서 풀고 행동해 주어야 한다고 여기고 있을 것이다. 그마저 풀지 않고 행동해 주지 못한다면 또 다른 화가 있을 것이라고 침묵으로 항변하고 있는지 모른다. 약속을 이행하는 것이 인간이 자연에게 행할 마땅한 도리라는 것을 침묵으로 가르치고 있는지도 모른다.

---

[25] '결자해지(結者解之)'라는 말은 '매듭을 묶은 자가 풀어야 한다'는 뜻으로, 일을 저지른 자가 일을 해결해야 하는 것을 비유한 말이다.

'침출수 이송관로 매설지역' 팻말 앞에서

탐방체험관에서 자전거 페달을 계속 밟으니 길의 방향이 서쪽으로 바뀐다. 쓰레기 매립장을 가운데 두고 주변을 따라 돌아갈 수 있도록 만들어진 길을 간다. 얼마 가지 않았는데 눈길을 끄는 작은 팻말 하나가 나타난다.

"주의 - 침출수 이송관로 매설지역"

자전거를 멈추고 글귀 앞에서 을숙도 쓰레기 매립장의 침출수에 얽힌 이야기를 떠올린다. 기술 부족으로 압축 방식을 포기하고 직접 매립해야 했기 때문에 발생시키지 말았어야 할 침출수[26]가 발생했다. 낙동강 하류 철새도래지[27]라는 천연기념물 보호구역의 훼손이 불 보듯 뻔했고, 바다에 의지하며 살아가는 어민들에게 직접적인 피해가 발생했던 이야기이다. 애초에 계획에 없었던 을숙도 쓰레기 매립장이 급하게 만들어진 까닭에 예상되었던 영향과 피해가 그대로 드러나 버린 것이다.

침출수 이송관로가 매설되어 있다는 사실은 쓰레기 매립장에서 나오

---

[26] 침출수란 쓰레기 매립장에서 쓰레기가 썩어 흘러내리는 더러운 물을 말한다.
[27] 낙동강 하류 철새 도래지는 1966년 7월 23일 대한민국의 천연기념물 제179호로 지정되었다. 당시 우리나라 최대의 철새도래지 중 하나일 뿐만 아니라, 일본·한국·러시아를 잇는 지역으로서 국제적으로도 매우 중요한 곳이었다. 또한 이 지역의 생물·지질 및 해양환경 등은 학술적·교육적 가치가 높아 천연기념물로 지정하여 보호하게 되었다.

쓰레기 매립장 침출수 관련 팻말

는 침출수를 관을 통해 이동시키고 있음을 의미한다. 아직도 쓰레기는 땅 속에서 삭혀져 가고 있는 중이며 그 과정에서 오염물질이 흘러나오고 있다. 관속으로 흐르기 때문에 지금은 관리가 되고 있는 모양이다. 앞으로도 지속적으로 신경 써서 관리해야 할 곳이라고 생각하지만 한편으론 정말 잘 관리되어야 할 텐데 하는 염려를 하게 된다.

  을숙도의 희생과 상처는 크고도 컸다. 을숙도가 감당하기 불가능할 정도로 컸다. 아직도 다 아물지 않았다. 이것이 그 증거물이다. 팻말은 작지만 결코 적지 않은 이야기를 담고 있다.

철새도래지의 탐조전망대

다시 자전거 페달을 밟는다.

을숙도 최남단이다. 조금 전 옥상전망대에서 보았던 습지와 갯벌이 발치 가까이 있는 곳이다. 길가에 심어 놓은 가림막 나무들이 시야를 가려 갯벌 들판을 보여주지 않는다. 나무 사이로 언뜻 보이는 습지의 모습이 눈을 끌지만 더 좋은 전망을 찾아 자전거를 움직일 수밖에 없다. 아니나 다를까 채 2분을 가지 않아 '탐조전망대'가 나온다.

도착하자마자 전망대의 탐조 구멍에 얼굴을 들이댄다. 인공이 닿지 않은 자연 습지의 모습 앞에 한순간 숨이 멎는 듯하다. 아무 말을 할 수가 없다. 가까이 찰랑대는 물결이 보이고 사이사이 습지가 있으며 그 속에 갈대가 흔들리고 있다. 습지와 갯벌에서 놀고 있는 새들도 보이고 멀리 펼쳐진 바다도 눈에 담긴다. 여기도 옥상전망대와 같이 평화로운 자연 그 자체다. 때 묻지 않은 광경이 눈앞에 펼쳐져 있다. 한참 넋을 잃고 바라본다. 더 비교할 수 없는 천혜의 자연환경, 이곳이 바로 을숙도 철새공원, 탐조전망대다. 탄성만 계속 나온다.

'탐조전망대'에서 탐조(探鳥)는 '새를 살펴본다, 새를 탐색한다'는 뜻이다. 경치도 경치지만 여기서는 새를 살펴보고 탐색하라는 의미이다. 그래서 그런지 탐조전망대는 여느 전망대와 같지 않다. 전망을 위해 트여 있지 않고, 오히려 가려 놓았다. 전망 구멍을 통해서만 볼 수 있게 되어 있다. 탐조를 하다가 철새들이 날아가 버리지 않도록 가려 놓은 것이다. 조금이라도 새를 가까이서 관찰할 수 있도록 해 두었다.

탐조전망대의 탐조 구멍에서 본 자연습지

    마침 전망대 구멍 앞에 여러 새들이 떼를 지어 모여 있다. 전망대가 가리고 있어 새들은 사람들이 보이지 않아 날아가지도 않고 물가에서 놀고 있다. 이렇게 가까이서 맨눈으로 새를 감상하라는 것이다.
    전망대 안에는 여러 철새와 나그네새[28]를 사진으로 안내해 놓았다. 떼를 지어 앉아 있는 새가 어떤 새인지 확인해 보려고 사진을 자세히 들여다본다. '도요새'다. '나그네새'로 되어 있다. 다른 새들도 저 멀리 떼 지어 모여 있기도 하고 날기도 한다. 백로나 왜가리 같이 크고 멋있는 놈이 있으면 더 보기 좋을 텐데, 한참을 보고 있어도 구미에 맞는

---

28) 나그네새란 북쪽(번식지)과 남쪽(월동지)을 이동하는 도중 봄과 가을 2번에 걸쳐 지나는 철새를 말한다. 우리나라에는 도요새, 물떼새 등이 있다.

놈이 나타나진 않는다. 가까이 있는 새와 멀리 보이는 습지가 한데 어울린 모습이 참 좋다.

한 가지 의문스러운 점이 떠오른다. 탐조전망대가 있는 이곳은 '천연기념물 제179호 낙동강 하류 철새도래지'[29]이다. 철새도래지란 계절에 따라 이동하는 철새가 머무는 곳을 말한다. 철새도래지에서는 철새가 이동하는 모습을 볼 수 있어야 한다. 그런데 그런 느낌이 없다. 탐조전망대의 탐조 구멍을 통해 보이는 새 정도로 이곳이 철새도래지라고 할 수 있을까? 상식적으로 하늘에 수많은 새의 무리들이 있어야 할 것 같은데 잘 볼 수가 없다. 왜 그럴까? 철새가 이동하는 시기를 잘못 맞추어 왔기 때문일까? 하지만 이곳에 올 때마다 늘 그랬었다.

서해안에서 본 철새 무리의 모습

---

29) 1966년 7월 23일 천연기념물 제179호로 지정한 것에 이어 1999년 8월 9일에는 습지 보호구역으로 지정하여 보호하고 있다.

언젠가 서해안의 철새도래지를 간 적이 있다. 갯벌과 갈대숲 위로 나지막이 하늘을 나는 수많은 새의 무리를 보았다. 새가 얼마나 많았던지, 또 얼마나 가까이서 볼 수 있었던지 기억한다. 한마디로 장관이었다. 여기서 보는 새의 수효와는 비교할 수 없었다. 서해안의 철새도래지를 기억하는 입장에서는 '천연기념물 179호 낙동강 하류 철새도래지'는 철새도래지로서 뭔가 아쉽고 이상하기만 하다.

사실 이곳이 천연기념물로 지정될 당시의 철새 떼 모습은 대단했었다. 동양 최대의 철새도래지라고 자랑하기도 했고, 수없이 많은 새들이 날아가는 모습을 두고 '새들이 군무30)를 이루는 곳' '하늘이 째까맣다'는 표현을 종종 써 왔다. 하지만 지금은 그런 표현을 전혀 쓸 수가 없다.

환경이 달라진 것이다. 환경의 변화가 일어났고 그 결과 철새들의 수가 급격히 줄어든 것이다. 이것은 절대 그냥 지나칠 수 없는 사실이다. 여기서 하굿둑 개발이 불러온 환경파괴의 문제를 다시 이야기하지 않을 수 없다. 그래선 안 된다고 이야기했던 그 환경문제가 현실로 드러난 것이다. 낙동강하굿둑으로 인해 기수지역 생태계가 끊어지고 각종 조개류와 물고기들이 사라지면서 철새들의 먹잇감이 없어졌으니 철새들의 수가 줄어드는 것은 당연한 결과이다. 게다가 쓰레기 매립장 영향도 클 것이다. 탐조전망대가 있는 곳이 바로 쓰레기 매립장이며, 또 침출수 문제로 골머리를 앓았던 곳인데 더 말해 무엇하겠는가!

그래서 이런 생각을 한다. 이곳이 천연기념물 철새도래지의 탐조전망대라는 것, 그래서 철새도래지에서 새를 탐색할 수 있다는 것도 의미

---

30) 군무(群舞)란 '무리를 지어 춤을 추는 것'을 뜻한다.

가 있겠지만, 그보다 '이곳은 환경 변화가 생겨 철새가 줄어든 곳이다'
는 사실을 밝혀주는 것이 더 중요하겠다. 다시 말해 '환경이 변했음을
증명하는 곳'이란 의미다. 환경의 변화는 쉽게 인식이 안 되는데 이곳은
그 변화를 명확하게 보여주고 있다.

　그렇다면 탐조전망대가 있는 이곳을 '철새도래지의 환경 변화'에 대
해 알게 하는 장소로 만들면 어떨까? 철새도래지의 과거 상황과 현재
상황을 비교해 볼 수 있는 곳, 그러니까 과거 철새가 많았던 모습을
커다랗게 사진으로 제시하고, 지금의 모습과 비교해 볼 수 있게 하는
것이다. 한때 그랬던 곳이 지금은 이렇게 달라졌음을 눈으로 확인할
수 있게 하는 것이다. '철새도래지의 환경 변화' 중심에 기수지역을 단
절시킨 '낙동강하굿둑'이 있고, 우리 삶의 결과물인 '쓰레기 매립장'이

을숙도 고니 먹이 주기-먹이를 주어야 할 정도로 새의 먹이가 줄었고 환경이 변했음을 의미
한다.(사하구청 홈페이지)

있다. 우리가 살기 위해 자연을 희생시킨 결과 우리의 환경이 변해 버렸다. 그 변화의 영향을 철새들이 보여주고 있다. 이런 사실을 이야기한다면 우리의 삶터에 생긴 환경문제를 정말 쉽게 깨달을 수 있지 않을까? 대부분 막연하게 알고 있는 환경문제의 심각성을 단숨에 알아 볼 수 있을 것 같다. 정말 좋은 환경 교훈터가 될 수 있을 것 같다.

앞서 본 '분뇨해양처리 저류시설'을 정원으로, 쓰레기 매립장의 일부를 '메모리얼 파크'로 만든 것은 자연의 희생을 기억하자는 의미를 담고 있었다. 그렇다면 이곳에서 '철새도래지의 환경 변화'를 보는 것은 '자연을 희생시킨 결과'를 또렷이 확인하는 것이 된다. 이 결과를 보고서도 아무렇지 않게 반응하는 사람은 없을 것 같다. 누구나 이런 질문을 쏟아낼 것 같다. '그러면 자연의 변화는 어떻게 해?', '자연의 희생을 어떻게 해?', '어떻게 보상하지?', '다시 회복시켜 주어야 하지 않을까?'

옥상전망대에서 천연의 자연을 보고 탐조전망대에선 드넓은 습지를 보았다. 평화롭고 아름다웠다. 그 위에서 지난날 하늘을 뒤덮고 날았던 수많은 철새들이 다시 나는 것을 생각한다. 상상만 해도 가슴 뭉클한 일이다. 이 일이 다시 일어날 수 있을까? 자연의 희생에 대한 보상은 회복이다. 을숙도의 회복, 삼각주의 회복. 그 회복의 길에 비록 어려움은 있을지라도 인간의 탐욕이 더 커지지만 않는다면 결코 불가능하진 않을 것 같다.

을숙도 자연습지와 쓰레기 매립장 생태복원지

탐조전망대에서 자전거에 천천히 몸을 싣는다. 여기부터는 자전거 길을 두고 한쪽은 '1차 쓰레기 매립장 생태복원지' 언덕이고 또 한쪽은 습지 들판이 펼쳐진다. 신기하게도, 또 다행스럽게도 쓰레기 매립장 옆에 자연습지가 남겨져 있다.

습지는 길가에 심겨진 가림막 나무 너머로 살포시 보인다. 좀 더 다가가니 갈대가 흔들리는 모습도 보이고, 갈잎이 사각대는 소리도 들린다. 자연 습지의 모습 그대로다. 습지는 남쪽으로 이어져서 갯벌과 연결된다. 천천히 움직이다 내려서 카메라를 들이대고 눈에 들어오는 장면을 담아 본다. 그리고 한참을 서서 바라본다. 펼쳐진 습지 들판 모습 그대로 마음에 담아 두고 싶어서다.

천연의 삼각주 모습이다. 인간의 손이 더해지지 않았다면 삼각주의 많은 부분이 이런 모습일 것이다. 자연 삼각주의 사례를 이젠 이곳에서나 볼 수 있다. 그동안 인간의 탐욕에 의해 수많은 삼각주의 자연습지가 지워지고 사라졌다. 자연스레 생겨난 자연습지는 누구의 소유가 아니라는 이유 때문에 어떤 정책적 결정만 내려지면 사정없이 파괴되었다. 삼각주의 자연성은 없어지고 없어지면서 여기까지 온 것이다. 그나마 이곳에 남아 있는 습지 모습 정도만으로 귀하게 바라봐야 할 형편이다. 자연습지의 갈대와 강물, 그리고 이어지는 바다까지 한눈에 담아 본다. 멀리 자연 상태의 습지가 수평선에 걸친 듯 바닷물에 잠긴 모습이 아슬아슬 다가온다.

을숙도 자연습지

그러는 순간, 또 하나 거슬리는 모습이 눈에 들어온다. 자연습지 한 가운데로 을숙도대교[31]가 통과하고 있다. 다리의 기둥과 상판이라는 거대 구조물이 자연습지의 경관을 심하게 해치고 있다. 어떻게 이런 곳에 다리를 놓을 수 있었을까 하는 생각이 저절로 든다. 다리가 없다면 좀 더 넓게 펼쳐진 자연습지를 풍성하게 볼 수 있었을 것이다. 습지 전체를 가슴에 한가득 안는 느낌을 가질 수 있었을 것이다. 가까이 보는 갈대와 강물 그리고 습지의 정겨운 모습은 더할 나위 없이 좋지만 조금만 눈을 들면 보이는 저 거대한 구조물이 너무 거슬린다.

---

31) 을숙도대교는 부산광역시 강서구 명지동과 사하구 신평동을 잇는 길이 1,941m, 높이 40m의 다리이다. 부산의 외부순환도로의 한 구간으로 다리 중간에 을숙도를 지나므로 다리 이름을 여기서 땄다.

을숙도 자연습지 위로 을숙도대교가 놓여 있다.

을숙도대교는 우여곡절을 겪으며 건설되었다.32) 처음 계획은 육지의 시작점에서부터 직선의 다리였지만 앞에서 이야기한 탐방체험관 옥상전망대, 탐조전망대에서 바라본 자연 경치에 다리가 놓이게 할 순

---

32) 을숙도대교는 본래 여느 다리처럼 직선으로 건설하려 했다. 그러면 낙동강 하구 철새도래지의 중심을 통과하기 때문에 당시 환경단체들의 반발이 컸다. 해저터널 형태까지 검토했으나 워낙 연약지반이었기에 공사비용을 감당할 수 없어 취소되었다. 그 결과 철새보호지를 약간 돌아가는 방향으로 설계가 변경되어 지금의 곡선 모습이 되었다.

없었다. 낙동강 하구 철새도래지를 보호해야 한다고 환경단체들이 강력하게 요구했기 때문이다. 그래서 계획을 바꾸어 북쪽으로 약간 휘어지는 곡선의 모습으로 만들었다. 을숙도 습지 지역을 통과하면서 지금과 같은 모습을 하게 된 것이다. 어느 곳에 놓이든 자연이 훼손되는 것은 마찬가지다. 인간의 삶을 위해 자연이 희생을 치르고 있다.

을숙도대교 아래에 서니 지나는 자동차의 엄청난 소음이 쏟아진다. 주위에 새들이 접근할 수 없는 것이 사실인 것 같다. 철새도래지의 철새들 비행을 위해 도로의 방향을 곡선으로 바꾸었다곤 하지만, 이런 소음 아래서는 이러나 저러나 마찬가지일 것 같다. 마침 갈대숲에 외로운 백로 한 마리가 보인다. 저 소리를 듣고도 태연한 척 고고한 아름다움을 연출하고 있다. 이곳 자연의 습지와 갯벌의 모습, 아름답고 좋다고는 이야기했지만 어쩌면 속 빈 강정일지도 모른다는 생각도 든다.

눈을 돌려 자연습지의 반대편 쓰레기 매립장 생태복원지를 바라본다. 원래대로라면 이쪽도 자연습지여야 하는 곳이다. 겉으로 보기에는 쓰레기 매립장이라는 이미지와 어울리지 않게 평온하고 고요한 언덕이다. 초록의 각종 나무와 풀들이 덮여있어 이곳 생태공원과 잘 어우러진 모습이다. 관심 있게 보지 않는다면 이곳이 쓰레기 매립장이었는지 알지도 못하고 지나갈 것이다.

겉모습에 비해 속은 매우 다르다. 쓰레기 매립이 이뤄지던 당시의 희생을 생각하면 지금은 평온해 보이는 모습이 위선적으로 느껴진다. 부산 사람이라면 이 일에 대한 책임을 면할 수는 없다. 누구나 쓰레기를 만들어 내고 있는 한 사람, 한 사람이기에 일말의 책임감을 느껴야 한다.

　생태복원지를 마냥 좋아 보이는 자연 공간으로 포장한 모습이 아쉽게 여겨진다. 좀 더 경각심을 갖게 하는 공간이어도 좋을 것 같다. 그동안 이곳이 어떠한 희생을 치른 곳인지, 그로 인해 얼마나 많은 환경이 변화하였는지를 알 수 있도록 적극적으로 알리는 장소였으면 좋겠다. 바로 가까이 탐조전망대가 '많은 철새의 무리를 볼 수 없는 곳이 되었다'는 것과 같이 '이곳이 마냥 경치만 좋은 곳이 아니다'는 생각을 할 수 있는 곳이면 좋겠다. 여차하면 반대편에 있는 자연습지마저도 잃을 수 있다는 생각을 할 수 있게 하는 곳이면 좋겠다.

쓰레기 매립장 생태복원지

　개발과 환경보호라는 모순된 현실 속에서 함께 문제의식을 갖고 마음을 공유하는 것은 그다음 누군가의 삶을 위해 중요하다. 이곳이 그런 역할을 하였으면 좋겠다. 을숙도가 겪어 온 시련이 곧 우리가 살아 온

삶임을 되짚어가는 장소가 되었으면 좋겠다. 이런저런 생각에 싸인 채 다시 자전거 페달을 밟는다.

작지만 색다른 어도관람실

　자전거를 탄 시간을 가늠할 틈도 없이 이곳저곳 을숙도의 습지를 누빈다. 좀 더 서쪽으로 펼쳐진 습지를 보고 싶은데, 야생동물 보호를 위해 들어가지 못하도록 해 둔 곳도 있다. 조금 아쉽기도 하지만 허용된 길만 다닐 수밖에 없다.
　북쪽으로 가는 길에 낮은 건물 한 채가 있다. 부산야생동물치료센터란다. 야생동물에 대한 전문적, 체계적인 치료와 재활 후에 방사하는 활동을 하는 곳이다. 이런 곳도 있구나 싶다. 을숙도에 참 어울리는 시설물이다. 건물 옆쪽 뒤쪽으로 철망을 만들어 놓은 곳은 동물원처럼 야생동물들이 일부 갇혀 있다. 아마 치료 중인 동물인 모양이다. 주로 새 종류들이 많은 것은 철새도래지와 관련이 있을 것이다.
　야생동물치료센터 가까이는 시민들의 휴식 공간인 피크닉 광장이 있다. 가족 단위로 휴식과 놀이를 즐길 수 있는 곳이다. 이곳을 지나니 낙동남로를 건널 수 있도록 만들어진 육교 모양의 다리가 있다. 을숙도의 남북을 이어주는 생태다리이다. 오르막, 내리막이 계단이 아니어서 자전거 통행이 가능하다. 경사가 좀 심해 자전거를 끌고 가야 하는 불편함이 있지만 을숙도를 온전히 한 바퀴 돌 수 있도록 해 두었다는 점에서 좋아 보인다.

생태다리 꼭대기에 서니 여전히 쉴 새 없이 다니는 자동차들, 그리고 부산현대미술관과 을숙도문화회관 건물들이 보이고 가까이는 제2하굿둑이 보인다. 제2하굿둑, 저곳을 가보아야 한다.

을숙도 남북을 잇는 생태다리

생태다리를 건너 제2하굿둑으로 향하는데 하굿둑 가까이에 작은 건물이 있다. 입구에는 '어도관람실'이라는 이름을 달아 놓았다. '어도(魚道)'라는 말은 '물고기 길'이라는 뜻인데, 앞의 낙동강하굿둑 즉, 제1하굿둑에서는 전혀 가늠조차 할 수 없었던 어도를 이곳에서는 볼 수 있단 말인가? 의문스러운 마음에 자전거를 묶어 놓고 관람실 안으로 들어간다. 관람실은 지하에 있다. 매우 좁은 복도 한편에 몇몇 물고기 사진을 붙여 놓고, 다른 한편에는 강물이 흐르는 것이 보이도록 유리벽을 만들어 놓았다. 하굿둑 옆으로 바닷물과 강물이 오갈 수 있는 공간을 만들고 그 공간 한쪽 벽을 유리벽으로 만들어 유리를 통해 강과 바다를 오가는 물고기를 감상할 수 있도록 해 두었다.

정말로 어도가 설치되어 있다. 눈으로 확인할 수 있도록 유리벽을 만들어 놓았다. 유리벽에 물이끼가 있고 물속이 어두워 훤하게 잘 보이는 것은 아니지만, 유리 벽 가까이 얼굴을 붙이고 자세히 살펴보니 물고기의 움직임을 관찰할 수 있다. 어항 속의 물고기를 보는 것보다 더 생동감이 있다. 이런 식으로 물고기들이 강과 바다를 오갈 수 있다는 것이다.

요리조리 유리벽에 얼굴을 들이대고 물고기를 관찰한다. 전시관에 붙여 놓은 물고기 종류 그림과 비교하며 그 이름을 확인해 본다. 어도의 모습도 자세히 관찰한다. 그런데 어도는 그냥 물길이 아니다. 하굿둑 물을 보호하면서도 물고기가 단계적으로 올라가도록 물막이 벽을 여러 단계로 만들어 놓았다. 물고기가 어도를 통과하기 위해선 물막이 벽을 몇 단계나 넘어야 한다. 바다에서 강으로 들어가는 여정이 쉽지 않아 보인다. 더구나 조개류들은 통과할 수가 없다. 땅바닥으로 다니는 장어류도 마찬가지겠다.

이런 어도에는 얼마나 많은 물고기가 통행할 수 있을까? 낙동강 하구 생태계에 얼마나 영향을 줄 수 있을까? 너무 좁게 보이는 어도 공간을 오가는 물고기의 숫자나 종류는 한계가 있어 보인다. 이 정도로는 낙동

어도관람실

강 하구의 기수지역 생태계에 거의 영향을 줄 수 없을 것 같다. 그렇다면 어도로서의 본래 목적도 있겠지만 어도관람실의 관람을 위한 목적이 더 크겠다.

작지만 색다르게 보이는 어도관람실. 이곳에서 물고기가 이동을 하며 강과 바다를 오갈 수 있음을 본다. 거꾸로 낙동강 기수지역 생태계의 상태가 이렇게 단절되어 있는 현실도 확인한다. 어도라는 공간 외에는 전부 단절되었다. 이 작은 공간에서 낙동강 하구 생태계가 회복이 되어야 하는 이유를 확실히 본다. 물고기뿐 아니라 조개류, 장어류 모두가 이곳을 자유롭게 오갈 수 있어야 한다. 그들의 이동을 막아도 된다는 권한은 없다. 그들의 이동을 막아두고 우리의 삶이 온전하리라는 보장도 없다.

제2하굿둑 앞에서

어도관람실을 나와 바로 옆에 있는 제2하굿둑33) 앞에 섰다. 앞에서 보았던 낙동강하굿둑 즉, 제1하굿둑에 비해 수문의 개수도 적고 규모가 작지만 더 가까이서 볼 수 있어 위압감은 더 크다. 하굿둑에 물이 한가득 고여 있는데 유일하게 어도로 흐르는 물의 흐름만 보인다. 하굿둑 안의 물이 어도를 통해 바다 쪽으로 넘어가고 있다. 이것만 보고 있어도 거대한 물의 흐름이 느껴진다. 잠시인데도 현기증이 일어난다.

제2하굿둑은 4대강 사업34)의 일환으로 건설되었다. 이것이 건설될 때도 수많은 반대 여론이 있었다. 제1하굿둑 건설 때 제기되었던 환경 문제는 여전히 그대로인데, 배수 능력 확대, 홍수 방지라는 하굿둑의

---

33) 제2하굿둑은 4대강 사업(2008~2012년) 중 하나였다. 먼저 건설했던 낙동강하굿둑의 용량을 보충하기 위해 건설하였다. 을숙도 서편에 길이 305.6m, 대형 수문 5개로 건설해 낙동강 배수 능력을 확충해 두고 있다. 먼저 건설한 낙동강하굿둑을 제1하굿둑이라 하고 낙동강 제2하굿둑으로 부른다. 때로는 을숙도 서쪽하굿둑, 낙동강 우안하굿둑이라고도 한다.

34) 4대강 사업은 2008년 12월부터 2012년 4월까지 한강, 낙동강, 금강, 영산강의 4대강을 중심으로 강을 준설하고 친환경 보(洑)를 설치하여 하천의 저수량을 대폭 늘려서 홍수 예방과 하천 생태계를 복원한다는 것을 주된 내용으로 추진한 사업이다. 그 밖에 노후 제방 보강, 중소 규모 댐 및 홍수 조절지 건설, 하천 주변 자전거 길 조성 등을 부수적 사업도 이뤄졌다. 하지만 과다한 예산지출, 무리한 환경 변화로 인한 환경 파괴 등 반대가 만만치 않았고, 사업의 성과는 지금도 논란이 계속되고 있다.

역할 확대만 고려한 사업이었기 때문이다. 반대 여론의 대부분도 애초의 하굿둑 건설로 인해 생길 환경문제를 되짚는 것이었다. 제2하굿둑마저 건설되면 낙동강 기수지역은 더욱 분열되고, 하굿둑 안의 수질은 더욱 악화된다는 것을 주장했다. 낙동강하굿둑 건설 이후 낙동강 하구의 환경문제가 여전히 원점에 머물러 있음을 보여주었다.

제2하굿둑

제2하굿둑의 건설은 제1하굿둑의 건설 후 25년이나 지난 시점에 이뤄졌다. 시간이 지나면서 우리 사회 많은 부분에서 시정과 보완이 있었던 만큼 낙동강하굿둑이 안고 있는 환경문제에 대해서도 보완적 활동이 이뤄졌어야 했다. 개발과 환경보호라는 문제를 두고 치열하게 대립했던 곳인 만큼 이후 치밀한 대처가 있었어야 했다. 그러나 생각과 달리 이야기는 원점에서 반복되고 있었다. 우리의 환경문제에 대한 인식이 조금도 더 나아가지 못하고 있음을 의미했다. 인간 삶을 위해 자연을 이용한다는 생각, 자연은 희생하고 있고 그 아픔을 감당하고 있는데, 그 사실을 잘 알고 있다고 하면서도 바라만 보는 수준에 머물러 있었던 셈이다.

이제는 어떨까? 환경문제에 대한 대처나 보완에 보다 적극적으로 나아가고 있을까? 그렇게 할 수 있는 선진국적인 힘과 능력은 갖추어졌다고 하는데 구체적인 시도가 이뤄지고 있을까? 인간, 생물, 자연의 어울림을 위해 인간이 취해야 할 최소한의 도리인데⋯ 자연과 생태계를 위하는 것이 곧 우리 자신을 위한 일임을 모를 리 없는데⋯ 여전히 어려울까?

아름다운 정원, 평화로운 공원에서 느꼈던 허전함이 여기서도 계속 이어진다.

자전거를 반납하는 길에

자전거 대여소로 가는 길에 낙조정과 부산현대미술관을 지난다. 낙조정(樂鳥亭)은 '새를 보며 즐기는 곳'이란 의미인데, 을숙도가 '천연기념물 제179호 낙동강 하류 철새도래지'의 일부라는 의미에서 만든 시설물일 것이다. 현대미술관 건물 벽엔 수직정원[35]이 만들어져 있다. 자연 생태적인 공간을 연출한다는 의미를 갖고 있다. 대여소 가까이에는 축구장, 야구장을 비롯한 여러 놀이시설이 있어 사람들이 즐겁게 노닐고 있다.

자전거를 반납하면서 출발할 때 가졌던 생각을 되짚어 본다.

'을숙도에 드리워진 인공의 힘과 흔적은 어떤 모습일까? 을숙도는 이를 어떻게 감당하고 있을까?'

다 돌아보고 난 지금 뭐라고 표현해야 할까? 한마디로 단정하기 어렵다. 드리워진 인공의 힘이 을숙도의 원형을 파괴하고 변형시켜 버린 것은 분명했다. 하굿둑이 그랬고, 분뇨처리장, 쓰레기 매립장, 을숙도대교가 그랬다. 그래도 파괴와 변형으로 인한 상처와 희생을 내버려 두진 않았다. 자그마한 보상이랄까? 상처를 치료하는 모습과 희생에 자숙하는 마음을 담아 놓고 있었다. 아름다운 정원이, 평화로운 공원이 그랬다.

그러나 그것으로 끝이었다. 탐조전망대에서 확인한 철새도래지의 무상함, 어도관람실에서의 애처로운 물고기의 이동, 그 외에 뭔가 이뤄져야 할 근본적 대안 활동은 볼 수 없었다. 더구나 제2하굿둑 건설은 근본 환경문제에 대한 현실을 외면해 버린 결과물이었다.

그러면서 귀하디귀한 자연습지를 남겨 놓은 것은 무엇을 의미할까? 에코센터, 야생동물치료센터, 어도관람실, 낙조정, 수직정원, 각종 체

---

35) 부산현대미술관 수직정원은 미술관의 외벽에 만들어진 작품이다. 식물학자 패트릭 블랑(Patrick Blanc)이 국내 자생하는 식물 175종을 심어 만들었다. 식물의 생태와 본능을 연구하고 상호 자생이 가능한 식물들을 연결 배치하여 시각적 아름다움을 줌으로써 예술 작품으로 표현하고 있다. 을숙도가 환경, 생태, 자연의 상징적 장소라는 의미에서 의도적으로 기획되었다.

육시설 등 자연, 환경, 생태를 생각하게 하는 것들로 한껏 채워놓은 것은 또 무슨 의미일까? 을숙도와 마냥 어울리는 것은 아니지만 분명한 것은 이곳에 와서 자연과 어울리며 생각하고 느껴보라는 의미일 것이다. 자연과 인간의 삶이 어우러진 생태적 공간, 그런 것을 꿈꾸어 보라는 것일 것이다.

을숙도(乙淑島). '을(乙)'은 '새'를 의미하고, '숙(淑)'은 '맑다'는 의미이다. 맑은 섬에 새들이 많았기에 붙여진 이름이다. 맑고 깨끗한 환경에 사람들의 삶이 잘 어우러지려면 처음부터 신중하게 접근했어야 했다. 천천히 조심스럽게 답을 찾았어야 했다. 을숙도는 실패를 품속 깊이 안고 있는 곳이다. 그러면서도 실패의 상처와 희생의 아픔을 넘어 앞으로 나아가야 할 공간을 그리려고 하고 있다. 자연, 환경, 생태를 꿈꾸는 공간 말이다. 구석구석에 소망을 표현해내고 있지만 희생의 상처는 다 아물어지지도 않았고, 여전히 깊이 남아 있다. 더 확대해 나가야 할 상처의 치료, 회복을 위한 시도는 더디기만 하다. 인간과 생물, 자연이 한데 어울려 살아가는 마땅한 모습, 그 당연한 일이 이뤄지는 것은 아직이다 싶다. 눈으로 마음으로 확인하기까지는 마냥 기뻐할 수만 있는 곳이 아니다.

5장_ 낙동강 본류를 돌아 아미산전망대로

낙동강 본류를 따라 난 공항로와 강변대로는 드라이브하기가 더할 나위 없이 좋다. 강과 강변의 경치를 보며 한참을 달릴 수 있다. 강변을 따라가다가 맥도, 칠점산을 들르고 가까운 생태공원에 들어가 충분히 쉬었다 갈 수도 있다. 그러다가 아미산전망대까지 간다면 최상의 드라이브 코스를 누비게 된다.

아미산전망대는 모래톱 경치를 눈앞에서 볼 수 있는 곳이다. 강물에 씻겨온 모래가 쌓여 모래톱이 되고 그것이 땅이 되어가는 과정을 바다 한가운데 펼쳐둔 채 확인할 수 있다. 모래톱뿐 아니라 낙동강 하구에 펼쳐진 대자연을 끌어안는 맛을 느낄 수 있다. 혹시라도 해질녘에 오면 해넘이와 노을의 진한 풍광마저 덤으로 얻는 곳이다.

보고 나면 변화의 땅 삼각주에 대한 진한 여운을 마음 깊이 간직하게 된다. 이런 경치에 한 번 취해 본 사람은 다시 찾지 않을 수 없다.

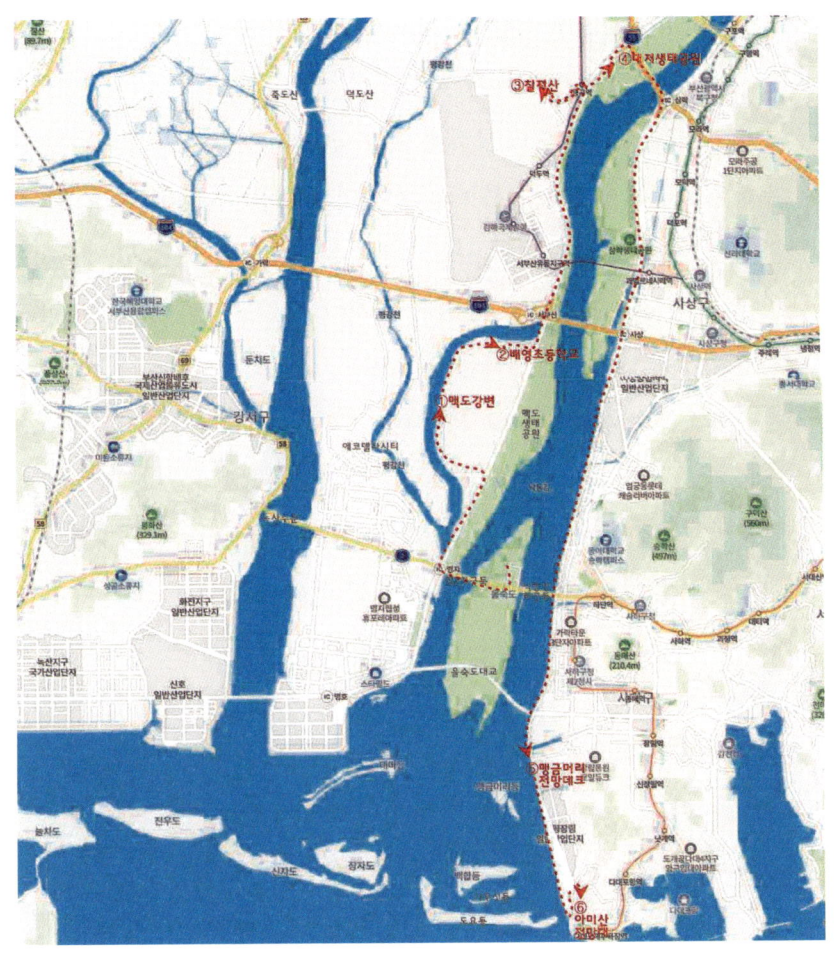

을숙도 주차장→(5.5km 차량 10분)→①맥도 강변→(1.8km 차량 3분)→②배영초등학교→(7.3km 차량 15분)→③칠점산→(2km 차량 5분)→④대저생태공원→생태공원 강변길 왕복(6km 도보 1시간 30분)→(16km 차량 20분)→⑤맹금머리 전망데크→(3.7km 차량 7분)→⑥아미산전망대

또 하나의 삼각주, 맥도

맥도(麥島)는 을숙도의 북쪽에 있는 섬이다. 맥도의 맥(麥)은 보리를 뜻하는데 섬 모양이 보리를 닮았다 하여 붙여진 이름이다.[1] 모래톱에서 출발하여 섬이 되고, 그 섬이 육지화 되어 지금은 전혀 섬으로 보이지 않는다. 하지만 낙동강 본류와 맥도강으로 둘러싸인 엄연한 섬이다.

앞에서 본 명지는 대변혁을 겪고 있고, 을숙도는 생태공원으로 변했는데 맥도는 어떠할까? 일부분은 맥도생태공원이 되어 있지만 더 많은 부분은 주거지고 농경지다. 이곳도 개발이 이뤄지고 있을까? 아니면 모래섬의 자연 상태일까? 부산이라는 대도시 주변 지역으로서 어떤 특성을 보이고 있을까? 의도적으로 가려고 하지 않으면 가기 어려운 곳이다. 내친김에 들러봐야겠다.

을숙도 주차장을 나와 우회전하여 서쪽으로 향한다. 제2하굿둑을 지나자마자 김해공항이라고 가리키는 안내판을 따라 다시 우회전하여 북쪽으로 향하는 공항로를 달린다. 공항로에 접어들면 이미 또 다른 삼각주인 맥도에 들어오게 된다. 폭넓은 도로로 인해 섬을 구분 짓는 다리나 강이 잘 보이지 않아 지도가 아니면 어디부터가 맥도인지 확인하기 어렵다. 아무도 섬이라고 여기질 않는다. 그저 잘 놓인 도로를 따라 통과하는 곳일 뿐이다.

도로의 동쪽으로 낙동강 둑이 이어지고, 둑을 따라 아름드리 가로수

---

[1] 맥도라는 이름은 낙동강둑을 쌓기 전에는 바닷물의 영향으로 벼농사 대신 주로 보리농사밖에 할 수 없었기 때문에 붙여진 이름이라고도 한다.

농경지를 둘러싼 맥도의 공장 건물들

가 눈에 잔뜩 들어온다. 둑을 넘으면 맥도생태공원인데, 맥도의 지금 모습을 보기 위해선 공원 반대편에 있는 맥도의 마을 쪽으로 들어가야 한다. 북으로 향하던 공항로에서 좌회전을 한다. 마을 입구에는 송백마을이란 비석이 세워져 있다.

  마을로 들어서는 순간, '마을이 뭐 이래?'라는 외마디 말이 먼저 튀어나온다. 마을은 마을인데 주거지는 잘 보이지 않고 커다란 공장 건물이나 창고 건물이 눈 앞을 가린다. 한두 채가 아니라 거대한 건물이 나타나고 또 나타난다. 마을과 농경지가 있어야 할 만한 곳에 이런 건물만 보인다. 맥도는 분명 공장지대가 아닌데 공장 관련 건물들이 무질서하게 들어서 있다. 건물이 더 밀집된 곳은 거의 공장지대같이 느껴진다. 대저 삼각주 첫머리 땅에서 보았던 모습과 비슷하다. 대도시 주변 지역에 나타나는 현상이 그대로 나타나고 있다.

맥도는 산은 물론 독메 같은 언덕조차도 하나 없는 온전한 평지다. 자연 상태라면 펼쳐진 들판이 한눈에 들어와야 하지만 전혀 그렇지 않다. 들판 모습은 건물에 가려져 건물 사이사이로 잠시잠깐 보일 뿐이다. 남겨진 들판에선 여러 가지 농사가 이뤄지고 있다. 파밭도 보이고 벼농사 지역도 있고 비닐하우스도 있다. 속마음 한편에서는 맥도에서 한적한 삼각주의 들판을 볼 수 있으려나 했는데 커다란 오산이다.

맥도의 위성사진 모습(네이버 지도)-파랑색 주황색이 공장 관련 건물이다.

얼마 가지 않았는데 맥도의 서쪽 끝으로 맥도강이 나타난다. 강을 따라 좁다랗고 아름다운 길이 북으로 이어지고 있다. 강물과 들판 그리고 강변길이 어울리는 경치가 조금씩 나타난다. 하지만 이미 들어선 여러 공장 건물들이 자꾸 시야를 가려 버린다. 건물들 사이로 들판과 강물의 아름다운 어울림이 보이다 금방 사라져 버려 끊어진 영화 장면을 보는 양 살짝 약이 오른다. 저렇게 아름다운 곳인데 다 볼 수 없다는 것이 한없이 아쉽기만 하다.

맥도강과 강변길

 그런데 어떤 건물도 가리지 않는 곳에 카페가 하나 보이면서 강과 강변길이 멋지게 나타난다. 마음속으로 기대했던 바로 그 장면이라고나 할까? 그냥 지나갈 수가 없다. 차를 멈추고 내려서 크게 심호흡하며 강변 풍경을 한껏 응시한다. 고요함을 안고 있는 그림 같은 풍경이다. 가득 찬 강물이 강가를 넘실대고 있다. 이런 맥도의 자연이 다 사라지기 전에 만났음을 기뻐해야 할 것 같다. 한참을 서 있어도 자리를 뜨고 싶지 않다. 당연히 카메라에도 담는다. 맥도의 아름다움이 오롯이 드러난 이곳, 오래도록 남아 있으면 좋겠다.

 맥도 삼각주는 각종 공장지대로 변해가고 있다. 자연과 어울려 농사짓던 곳이 공업 지역으로 지정된 곳도 아닌데도 그냥 공장 건물이 들어서고 있다. 옹기종기 집이 있어야 할 시골 마을은 공장 건물에 파묻혀 거의 보이지 않는다. 사람들이 살아가는 모습도 보이는 않는다. 부산이라는 대도시의 도시화, 산업화 영향으로 삼각주 들판이 점점 공장, 창고 건물로 채워지고 있다.

맥도는 2030엑스포 개최 예정지로 물망에 올랐던 곳이다. 개발과 변화에 대한 기대가 이미 드리워졌던 곳이다. 더구나 맥도 바깥쪽은 더 엄청난 개발이 진행되고 있다. 맥도강 건너편은 '에코델타시티' 지역이다. 세워진 가림막 위로 치솟은 타워크레인에 의해 아파트를 건설하는 모습이 훤히 보인다. 더 남쪽의 명지 쪽은 아파트가 빼곡히 들어선 것이 눈에 잡힌다. 주위에 비하면 개발되지 않은 상태로 남아 있는 것이 오히려 이상하게 여겨진다. 맥도는 일종의 개발 과도기라고나 할까? 그저 개발을 기다리고 있는 것처럼 보인다. 어쩌면 또 다른 개발의 힘이 이미 작용하고 있을지도 모른다. 그런 곳이 맥도다.

도시 속 시골학교, 배영초등학교

다시 차에 올라 마지막 남은 자연을 보며 맥도강 강변길을 따라 북으로 향한다. 이어지던 길은 구부러지면서 동쪽으로 방향을 바꾼다. 맥도의 북쪽 끝이다. 이곳은 옛 마을이 있었을 것 같은데, 노후된 집과 공장들이 뒤엉켜 좀 더 무질서한 모습이다. 동쪽으로 향하던 길에 갑자기 학교가 나타난다. 웬 학교? 폐교일까 싶지만 자세히 보니 건물이랑 정

배영초등학교

원수가 제법 잘 가꿔져 있다. 아니, 이 형편에 학교가 살아있단 말인가! 마을도 아이들도 보이지 않는데 학교가 살아있다면 오히려 이상하다. 확인해 보지 않을 수 없다.

  정문을 찾아 학교로 들어간다. 정문에서 보는 학교는 뒤에서 보는 것과 다르다. 깨끗하게 정리된 운동장과 2층 건물, 여느 시골 학교의 모습과 다르지 않다. 이 섬의 유일한 학교 배영초등학교다. 학생이 있을까 싶었는데, 운동장에 어린 학생들 몇몇이 공을 차며 뛰놀고 있다. 학생들의 일과는 끝이 났을 시점인데, 풍물 소리가 요란하게 들린다. 운동장을 가로질러 중앙현관으로 들어가 본다. 실내도 깨끗하게 정돈

되어 있다. 인기척을 내면 금방 누구라도 튀어나올 것 같다. 정말 학교가 살아있다.

나중에 알아본 사실이지만[2] 이 학교는 전체 학생 수가 약 60여 명, 한 학년에 한 학급씩 정상적으로 유지되고 있단다. 학생들 대부분은 맥도의 아이들이 아니라고 한다. 현재 맥도에 살고 있는 학생은 30~40% 정도이고 나머지는 주로 명지에서 온다고 하는데, 일찍이 이곳에 살던 사람들이 대부분 명지 신도시로 이주했지만 자신의 자녀는 이곳

학교 동물원

---

[2] 배영초등학교 교장 선생님께서 설명해 주신 학교 상황을 간략히 옮겨 보았다.

으로 보내는 경우가 많단다. 특별히 이 학교는 30여년 가까이 이어온 일본과의 교류를 비롯하여 다양한 학교 활동으로 특성화3)되어 있어 먼 거리를 무릅쓰고 자녀를 보내고 있다고 한다. 신도시의 과밀학급에 비하면 모든 면에서 여유가 있는 이곳이 어느 모로 보나 매력적인 것이 사실이기 때문이다.

한 바퀴 돌아보니 학교 동물원이 보이고 부근에는 땅을 여유롭게 사용하고 있다. 넓은 꽃밭은 물론 잘 가꿔 놓은 텃밭도 군데군데 있고 각종 과실수들은 저마다 이름표를 달고 자라고 있다. 독특한 학교다. 한마디로 도시 속 시골 학교라고 해야겠다. 그런 특성이 당당하게 드러나고 있다.

맥도의 지금 상황으로 보아선 마땅히 폐교되었어야 할 학교다. 하지만 학교가 살아있다. 학교가 살아있기에 맥도도 살아있다고 이야기해도 좋을까? 공장에 파묻혀 마을도 잘 보이지 않지만 그 속에서 삶을 유지하고 있는 사람들이 아직 남아 있다는 것이다. 이 땅을 일궈가는 마지막 사람들일 것이다. 어쩌면 학교를 의지해 살아가고 있는지도 모른다. 학교가 없었다면 더 속히 떠나갔을지도 모른다.

산업화의 영향이 뒤덮은 맥도, 사람들은 떠나갈 지경이 되었지만 학교는 없어지지 않았다. 부모는 떠나갈 수밖에 없을지라도 자녀는 다니게 하고 싶은 곳이 되어 있다. 도시 속 시골 학교다. 할 수 있는 한 오래도록 살아있으면 좋겠다.

---

3) 대표적인 것이 풍물, 골프, 승마 활동, 일본과의 교류, 학교 동물원, 벚꽃길 걷기대회 등이다.

칠점산을 찾아서

맥도를 감싸고 있는 맥도강의 북쪽은 대저 땅이다. 낙동강 삼각주에서 가장 큰 섬, 이미 육지화 되어 지금은 섬이라 부르기 어색하다. 그래서 대저도라는 지명은 언제부턴가 전혀 쓰이지 않고 있다.

대저 땅에는 예부터 '칠점산(七點山)'이란 지형이 있었다. 7개의 점 같은 산이라는 뜻인데, 모래톱 위에 불쑥 솟은 독메였다. 모래톱과 바다가 어우러진 풍광이 아름다워 가락국에서부터 고려, 조선시대를 걸

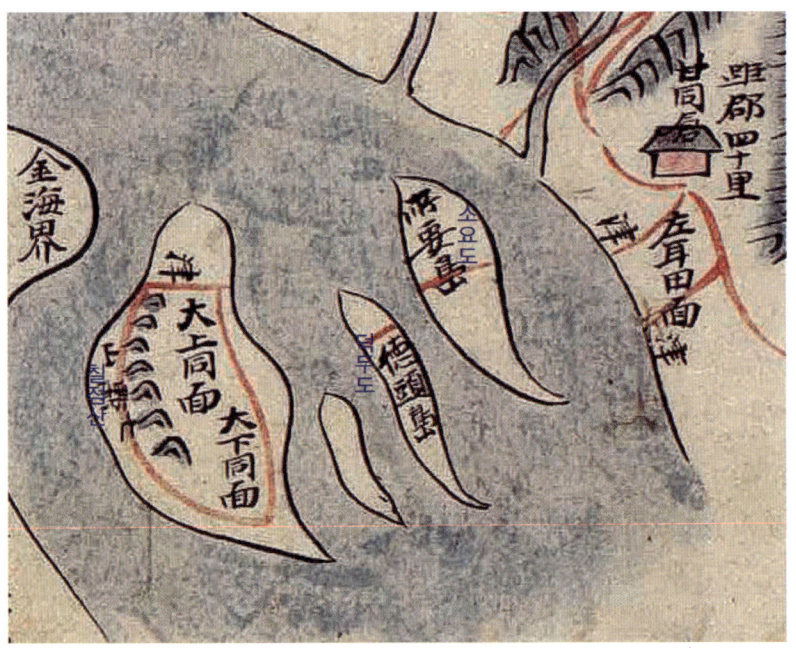

18C 대저도에 표현된 칠점산 모습(『해동지도』, 「양산」의 부분도)[4]

---
4) 『해동지도』(古大4709-41), 「양산」(규장각 한국학연구원(https://kyu.snu.ac.kr/)

쳐 수많은 문인들의 시와 글5) 속에서 종종 등장하였다. 고지도에서도 대저6)라는 삼각주 중심에 칠점산이란 지명은 빠지지 않았다. 어쩌다가 대저도에 대저라는 지명은 생략해도 칠점산이라는 지명은 있었다. 그렇게 중요한 지형이었다. 지금 사람들에겐 별로 알려진 바가 없다. 존재감 없이 되어 버렸다. 칠점산은 어떻게 되었을까? 없어져 버렸을까? 아니면 어딘가 존재하고 있을까?

인터넷 검색을 하니 『향토문화전자대전』에서 이렇게 설명하고 있다.

> 칠점산은 ~ 바다에 있던 섬이었는데 ~ 퇴적 작용이 활발해져 주변 바다가 메워지며 평야 내의 산지가 되었다. 본래는 7개의 봉우리로 이루어져 있었으나, 일제강점기 낙동강 제방의 축조와 김해비행장을 만들며 3개의 봉우리가 훼손되었고, 광복 이후 다른 3개 봉우리도 해체되어 현재 7개 봉우리 중 한 봉우리만 남아 있다.

이곳이 바다였을 때 7개의 작은 섬이 있었다는 말이다. 모래톱 삼각주 지역으로 변하면서 7개의 독메가 되었고 칠점산으로 이름 붙여졌다. 삼각주의 넓은 평지에 유독히 불쑥 솟아 주변에 비해 두드러진 모습을 하고 있었다. 그 7개 중 6개가 없어지고 1개만 남아 있다고 한다.

그러면 남아 있는 1개는 어디에 있을까? 궁금해진다. 찾아볼 수 있을

---

5) 칠점산(七點山)은 가락국(駕洛國)의 시조 김수로왕(金首露王)의 장남 거등왕(居登王)과 관련된 전설 속에 등장하기 시작하여 고려 후기부터 조선 후기까지 지속적으로 시의 소재로 활용되었다. 칠점산을 노래한 한시는 약 25수 이상 전해지고 있고, 『신증동국여지승람』을 비롯한 여러 문헌에서 관련 기록을 전한다. 대부분 이곳의 아름다움과 신비로운 자연경관을 노래하고 있다.(『향토문화전자대전』, 「칠점산을 노래한 고전문학」 내용을 요약함.)

6) 대저(大渚)라는 말의 한자어는 '큰 모래톱'이라는 뜻이다.

까? 정확한 위치를 찾아가기 위해 내비게이션에 칠점산을 쳐 보았다. 하지만 아무것도 나타나지 않는다. 지금 시대에는 이미 없어진 지명이 된 것이다. 다만 '칠점마을회관'은 나타난다. 칠점산과 관련 있는 마을인 것 같아 가보기로 한다.

배영초등학교를 떠나 맥도를 벗어나서 대저로 들어선다. 공항로로 접어들어 북으로 향한다. 시원스럽게 뚫린 공항로에는 낙동강 둑의 가로수가 줄지어 있다. 강둑 맞은편은 유난히 공장 같은 건물이 많이 있다. 서부산유통단지가 있는 곳이다. 건축 자재, 자동차 부품, 가구 등이 집적된 유통산업단지인데, 각종 산업 용품단지인 부산티플렉스 상가가 같이 위치하고 있다. 삼각주 안이 산업단지로 변한 대표적인 곳이다. 좀 더 북으로 나아가니 김해공항으로 들어가는 길이 나타나고 이를 지나자 내비게이션이 대저 땅 등구마을 입구에서 좌회전 신호를 받으라고 지시한다.

좌회전하여 마을로 들어서서 남서쪽으로 난 길을 택하여 등구마을 안쪽으로 들어간다. 분명히 마을인데 이곳도 옛 마을의 모습은 거의 사라졌다. 곧게 뻗은 길 양옆으로는 공장, 창고 같은 커다란 건물이 줄지어 있다. 맥도와 똑같이 산업화의 영향이 크게 미치고 있다.

직선 길을 500m쯤 지나니 양옆의 공장 건물이 사라지면서 농경지 들판이 눈앞에 펼쳐진다. 비닐하우스도, 건물도 멀리멀리 있다. 탁 트인 농경지 벌판, 오랜만에 만나는 삼각주 들판이다. 농경지로 펼쳐진 들판이 정겹기만 하다. 멀리 김해공항 관제탑이 가물가물 보인다. 김해공항 남쪽으로 펼쳐진 들판의 끝은 꼭 지평선 같다.

칠점산 7개 봉우리 중 1개

 길은 삼거리를 만나고, 삼거리에서 우회전하여 서쪽으로 나아가는데 생뚱맞은 장면 하나가 나타난다. 펼쳐진 농경지 벌판 멀리 상투머리 같은 독메 하나가 솟아 있다. 그 앞에는 공항 담벼락이 있고, 옆에는 더 큰 공항 시설물이 있다. 독메라기보다는 바위덩이 같은데 소나무 몇 그루를 머리에 이고 있다. 설마 저게 칠점산일까? 아직 칠점마을회 관엔 도착하지 않았는데… 이런 생각 속에 점점 가까이 가는데 주변에서 유독히 두드러진 것은 저것밖에 없다. 그렇다면 도무지 산 같지 않은 저것이 칠점산의 흔적일 수 있다.

 분명히 확인하기 위해 좀더 가까이 가니 공항 담벼락이 그 모습을 가려버린다. 농경지에 둘러싸여 있어서 자동차로 더 가까이 접근할 수도 없다. 먼 거리지만 보이는 광경을 일단 카메라에 담고, 칠점마을회관으로 가서 확인해 보는 수밖에 없다.

마을회관에서 어르신을 만나 물으니 저것이 맞단다. 칠점산의 흔적이다. 7개의 산이 있었다고 하지만 지금은 딸랑 1개 남은 그것이다. 남은 것마저도 공항 안에 있기 때문에 일반인은 접근할 수도 없다. 멀리 보이는 모습이 칠점산의 전부이다. 아쉽지만 더 이상 어찌할 수 없다. 그런데 어르신께서 칠점산과 관련한 비석이 있다면서 길을 가르쳐 준다. 비석이란 말에 귀를 쫑긋 세워 들고 확인하러 간다.

칠점산 유래비

마을회관 앞 수로를 건너 공항 담벼락에 붙은 길을 따라 서쪽으로 가니 담벼락이 꺾이면서 길이 끝나는 곳에 작은 운동시설 공간과 함께 비석이 세워져 있다. 비석 머리는 7개 산 모양을 하고 있다. 비석에는 한글로 칠점산 유래에 관한 내용이 적혀 있다. 비석 앞에 예쁜 꽃밭이 가꿔져 있는 것으로 보아 누군가 관리를 하고 있는 모양이다.

비석 내용[7] 중에는 이런 표현이 있다.

~바다 위에 일곱의 독메섬을 남겼고 이 섬들이 하류로 흘러 내려온 토사를 막아 모래톱을 형성했으니 평야의 시작이었다~

삼각주 평야가 만들어지는데 칠점산이 중요한 역할을 했다는 점을 유난히 강조한 말이다. 바다 한가운데 작지만 7개나 되는 섬들이 있었기에 주변으로 퇴적 물질이 쌓이기 좋았고 그리하여 대저 땅이 넓은 평야를 이루게 되었다는 것이다. 맞는 이치다. 삼각주의 여러 섬들 중에서도 대저도가 가장 큰 섬이 될 수 있었던 것은 칠점산이 있었기 때문이다. 대저 땅에서 칠점산은 그만큼 중요한 의미를 지닌 곳이었다.[8]

---

[7] 비석에 새겨진 내용은 아래와 같다.
"소백산맥(小白山脈)을 타고 낙남정맥(洛南正脈)의 정기가 동쪽으로 치닫다가 낙동강(洛東江) 하류에서 꼬리를 드리우면서 점을 찍은 듯 바다 위에 일곱의 독메섬을 남겼고 이 섬들이 하류로 흘러 내려온 토사를 막아 모래톱을 형성했으니 평야의 시작이었다. 하늘을 나르는 봉황이 가락국 봉림산을 거쳐 대해(大海)로 향하다가 산과 바다와 강이 함께 어울리는 장관에 취하여 그 나래를 접고 둥지를 틀어 김해국제공항을 낳았고 제 살을 깎아 새끼를 치는 어미 마냥 일곱의 산을 허물어 나라의 관문을 이루었다. 지금은 작은 돌산만이 흔적을 남겼으니 칠점산 아래 이 터를 닦은 선인(先人)들의 얼을 기리어 이곳에 푯말을 세우도다."

[8] 칠점산 부근에 1885년까지 대저면 사무소가 있었다.

지금은 파괴되고 없어져 돌아보는 사람도 거의 없다. 마을에서 비석을 세웠을 때9)만 해도 그 의미만은 오랫동안 전하고, 되새기고자 했던 것 같다. 이젠 그 의미는커녕 비석 관리조차 계속될 수 있을지 의문스럽다. 칠점마을도 마찬가지다. 마을회관 주변은 드넓은 농경지가 펼쳐진 전형적인 시골이지만 공항 담벼락이 길게 늘어서 있어 뭔가 가로막힌 듯한 느낌이다. 수로와 도로가 담벼락과 평행하게 뻗어 있는데 도로에 드문드문 보이는 집들은 왠지 시골과 어울리지 않는다. 공장 같은 건물들이 무질서하게 들어서 있는 것도 마찬가지다. 산업화의 힘이 칠점마을마저도 점점 잠식해 가고 있다.

칠점산은 일점산으로 변했다. 대저 땅의 많은 부분은 공항으로 변했다. 한때 김해공항 확장에 대한 이야기가 있었을 때는 더 큰 변화에 대한 기대가 있었다. 그 이야기는 뒤로 물러났지만 또 언제 어떻게 변할지 알 수 없다. 대저 들판은 고요히 펼쳐져 있지만 그 위로 달리는 자동차들의 소음은 변화를 향해 질주하는 굉음처럼 들린다.

대저생태공원을 걷다

공장 건물에 농경지, 주거지가 뒤엉킨 맥도와 대저의 모습을 보고 나니 마음이 심란하다. 잠시라도 안정을 얻고 싶다. 평화로운 자연을 보고 싶다. 마침 가까운 곳에 대저생태공원이 있다. 낙동강 본류를 따

---

9) 비석 뒷면에 1995년에 비석을 세웠다고 해 두었다.

라 만들어진 5개의 생태공원[10] 중 하나이다. '4대강 사업'에 의해 농경지가 공원으로 바뀌어 지금은 시민들의 휴식처로 자리매김했다. 그곳으로 가야겠다.

대저생태공원 들판

차를 돌려 왔던 길을 따라 나온다. 등구마을을 나오면서 좌회전 신호를 받고 공항로에 들어서자마자 보이는 대저생태공원 도로 안내판에서 바로 우회전하여 낙동강 둑을 넘어 생태공원 둔치[11] 지역으로 들어간

---

10) 낙동강 생태공원은 '4대강 사업'의 일환으로 부산지역 낙동강 둔치 지역에 만들어진 공원이다. 공원으로 개발되기 전에는 자연 상태의 둔치 지역 위에 일궈진 농경지였다. 화명생태공원, 대저생태공원, 삼락생태공원, 맥도생태공원, 을숙도생태공원 5개이다.

11) 둔치라는 말은 강이나 내[川] 등 물이 있는 곳의 가장자리, 또는 물가의 둔덕진 곳을 뜻하는 순수한 우리말이다. 물이 흐르는 곳의 가장자리에 두둑하게 언덕 모양

다.

　강둑 위로 올라서니 생태공원과 낙동강이 눈앞에 펼쳐진다. 파란 물결과 초록이 펼쳐진 공원의 모습에 마음까지 시원해진다. 그냥 보는 것만으로도 최고의 맛이다. 맥도, 대저를 돌면서 복잡했던 마음이 순식간에 녹아내린다. 자동차를 둑 위에 멈추고 오랫동안 쳐다보고 싶지만 둑 위는 자전거길, 산책길만 있다. 사람들의 산책을 방해할 수 없어 일단 둑을 넘어 내려간다.

　공원 주차장에 주차를 하고 차에서 내려서니 생태공원 전체 모습이 눈앞에 와 닿는다. 사방으로 트인 둔치 지역 공원, 특별히 높은 곳에 서지도 않았는데 눈에 가리는 것 없이 멀리까지 조망할 수 있다. 특히

낙동강둑 자전거길

　을 이루고 있는 곳을 가리킨다. 둔치도는 둔치라는 말을 지명에 사용한 예이다.

낙동강의 흐름을 따라 남북쪽으로는 아주 멀리까지 눈에 들어온다. 북으로는 금정산 고당봉과 상학봉이 선명하고, 남으로는 거의 지평선에 가까운 모습이다. 하늘은 푸르고 사방이 초록이다. 드넓게 펼쳐진 초록 들판이 가물가물하게 이어진다. 평온하다. 두 팔을 벌려 제자리에서 한 바퀴, 또 한 바퀴를 돌아본다. 상쾌한 강바람도 가슴을 시원하게 한다.

봄 유채

공원을 조금 더 조망하고 싶은 마음에 둑 위로 달려간다. 둑 위에는 산책길과 자전거길이 만들어져 있고 벚나무가 심어져 있다. 아름드리가 된 나무는 둑길을 덮어 터널을 만들고 있다. 길게 이어지는 낙동강 둑길은 봄 벚꽃이 최고라고 하는 곳이다. 봄 벚꽃뿐 아니라 여름에는 나무 그늘로도 최고겠다. 둑길을 따라 벚나무 터널 아래로 산책을 하든 자전거를 타든 이런 분위기라면 최고의 정취를 누리기에 손색이 없겠다.

둑 위에서 내려다보는 경치 또한 일품이다. 강물과 공원이 어우러진 고요한 자연의 모습. 대도시 가까이에 이토록 한적한 곳이 있다는 것이 신기하다.

여름 해바라기

공원 안으로 걸어간다. 공원 가운데에 아름다운 꽃밭을 만들고 있다. 봄이면 유채꽃, 여름이면 해바라기꽃을 피워 축제를 열고 시민들을 초청한다. 축제 기간이면 수많은 사람으로 붐비겠다. 축제 기간이 아닌 지금이 오히려 한적한 맛이 있어서 더 좋다. 그 들판 속으로 천천히 걸음을 옮긴다. 강변을 보고 싶은 마음에 걸음이 자연스럽게 강으로 향한다.

대저생태공원은 강변을 따라 걷는 길이 잘 만들어져 있다. 낙동강을 끼고 있는 생태공원만이 가지는 경치이다. 강 건너편은 금정산, 백양산으로 이어지는 큰 산이 병풍처럼 펼쳐져 있고 가까운 발치에서 파란 강 물결이 찰랑거린다. 강변에서 빼놓을 수 없는 식물인 갈대의 움직임 또한 매력적이다. 강물에 뿌리를 박은 강버들도 보인다. 물과 풀과 나무가 한데 어울리고 뒤섞여 있는 모습, 자연의 생동감이 꿈틀대고 있다.

강변길

　둔치도 강변길이 떠오른다. 그곳 강변길도 매력으로 넘쳐났다. 공원이 아니었기에 자연성도 많이 남아 있었다. 이곳과 비교해 보니 아무래도 자연성이 많은 둔치도의 아기자기한 강변길에 더 마음이 간다. 하지만 둔치도는 강을 따라 군데군데 방치된 쓰레기가 문제였다. 좀 떨어져서 보는 강변 풍경은 최상이었지만 강가 가까이 다가가면 흐르는 물이 머물만한 곳엔 항상 쓰레기가 있었다. 눈살을 찌푸리게 할 뿐 아니라 실망스럽기까지 했다. 강가 더 가까이 다가가는 것을 주저할 수밖에 없었다. 공적으로 관리가 되는 공원이 아니었기 때문이다.

대저생태공원에서 본 노을

그에 비해 대저생태공원 강변길은 깔끔하게 정돈되어 있다. 흘러온 쓰레기로 인해 눈살 찌푸릴 일이 거의 없다. 관리가 잘되고 있다. 강에 더 가까이 다가가게 된다. 강변길도 물 가까이 바싹 붙어 있어서 더 좋다. 한참을 걸었지만 계속 걷고 싶다. 강을 따라 걷는 이 길이 끝나지 않았으면 좋겠다.

　이런 곳을 혹시 해질녘에 온다면 어떨까? 이어지는 강변길을 걷고 또 걷다가 해를 넘겨 버리면 어떨까? 어둠이 깔리는 대저생태공원 들판에 서서 자연이 선사하는 아름다운 노을 광경을 감상할 수 있다면 어두운 들판 속에 남겨진 시간이 결코 아깝지 않을 것이다. 삼각주의 넓게 펼쳐진 들판 위로 펼쳐지는 하늘의 작품, 그 어느 누구도 흉내 낼 수 없는 땅과 하늘의 조화, 시간이 지나면서 변해가는 빛의 화려함, 더 말로 표현할 수 없는 모습이 눈앞에 펼쳐진다. 아름다움을 감당할 수 없어 숨이 막힌다. 이 모습을 제대로 품기 위해 더 큰 숨을 들이쉬게 된다. 자연의 웅장함, 위대함이랄까? 그런 자연 속에 휘감기는 느낌이랄까? 그 속에 푹 빠져 한동안 옴짝달싹할 수 없게 된다.

　산이 많은 도시 부산에서는 저녁노을을 잘 볼 수 있는 곳이 많지 않지만, 낙동강을 끼고 있는 삼각주 들판에서 만큼은 세상 그 어디 보다 아름다운 노을을 감상할 수 있다. 이를 경험해 보지 않고서는 이곳을 왔다 갔다고 말할 순 없을 것이다.

강변대로를 달리다

　대저생태공원을 나와[12] 공항로로 들어서자마자 바로 우회전하여 낙

---

[12] 대저생태공원을 나오는 길은 세 군데이다. 제일 남쪽에 있는 길을 따라 나와야 강서낙동교를 건너 강변대로로 나아갈 수 있다.

동강을 건넌다. 백양터널로 이어지는 다리, 강서낙동교다. 다리를 건너면서 바다처럼 가득 찬 강물을 본다. 볼 때마다 늘 다른 모습이 신기하다. 때로는 싱그럽게 때로는 풍성하게… 다리 위에 서서 내려다보고 싶지만 질주하는 차가 가득한 도로의 형편상 차를 멈출 수가 없어 언뜻 보며 지나갈 수밖에 없다. 강을 건너자마자 우회전하여 남쪽으로 완전히 방향을 바꾼다. 그동안 공항로를 따라 북으로 올라왔던 것과 반대로 이제는 강변대로를 따라 남쪽으로 내려간다.

강변대로 옆 삼락생태공원

강변대로는 공항로와 달리 낙동강둑 안쪽으로 도로가 나 있다. 도로의 동쪽으로는 낙동강둑에 의해 시야가 가리지만, 서쪽으로는 아무런 막힘없이 낙동강변의 풍광이 펼쳐진다. 차 안에서 강변의 모습을 바로 볼 수 있다. 동쪽은 제쳐두고 서쪽을 바라보며 운전해 가면 된다.

삼락생태공원[13]이 나타난다. 인공적으로 심어진 각종 나무들이 질서 있게 자라고 있다. 사이사이 잔디밭이 펼쳐져 있고 주차장에는 자동차가 즐비하다. 잔디밭 뒤로 숲이 있고, 숲 넘어 멀리 강물이 살짝살짝 보이기도 한다. 저곳에도 갈대와 강물이 어울리는 강변길이 있을 것이다. 자동차에서 바라보는 공원은 전체가 시원하고 여유 있어 보인다. 대저생태공원에서도 그랬지만 이런 공간이 우리 가까이 있다고 생각하니 새삼 마음이 울렁인다. 그냥 지나치기 아쉽다. 강변대로 옆에 마련된 임시정차지역에 잠시 차를 멈추고 공원 모습을 감상할까 생각도 하지만, 드라이브하는 기분 또한 놓칠 수 없어 운전을 이어간다. 초록이 펼쳐진 공원 쪽만 바라보며 운전을 하고 있자니 자동차가 초록의 한가운데를 지나는 것 같다.

강변대로 임시 정차지역에서 본 낙동강

---

13) 삼락체육공원은 고지도에서 '소요저(所要渚)'라는 섬으로 표현한다. 지금도 육지 쪽과는 좁은 수로에 의해 나뉘어져 있어 지형적으로 모래톱 섬의 모습을 유지하고 있다.

잘 만들어진 공원 모습이 한참 이어지더니 남쪽으로 갈수록 점점 갈대가 많이 나타난다. 갈대숲 사이로 수로와 작은 호수들도 보인다. 갈대숲과 호수가 어우러진 모습이 마치 사람의 손이 전혀 닿지 않은 천연의 자연 같아 보인다. 삼락생태공원 속에 계획적으로 만들어 둔 습지보존지역이다. 철새를 위한 배려의 공간이다. 평소 보기 힘든 완전히 색다른 갈대숲 경관, 멀리서 보아도 신비한 곳이다.

　삼락생태공원의 갈대숲을 지나자마자 강변대로는 낙동강물과 바로 맞닿아 버린다. 자동차는 강물을 바로 옆에 두고 달린다. 넘실대는 강물결이 차 안으로 들이닥칠 듯이 가까이서 출렁인다. 덤으로 마음까지 출렁인다. 속으로 감탄을 터트리며 강물을 바라보는데 강물만 멋진 것이 아니라 강물과 도로 사이의 가로수를 따라 난 자전거도로 또한 한 몫을 더한다. 자동차와 자전거가 강물을 따라 흘러가듯 달려간다. 멀리 낙동강 하굿둑이 보인다. 하굿둑 안에 한가득 안긴 강물이 대지를 뒤덮고, 파란 하늘과 맞닿은 파란 강의 물결은 유혹하듯 넘실댄다. 운전 중에 순간순간 바라보는 경치지만 온통 마음을 빼앗긴다. 조심조심 속도를 줄이며 좀 더 경치를 보고 싶은 마음을 이어간다. 차에서 내리고 싶은 유혹도 있지만 자동차 속에서 색다른 맛을 즐기고 있다. 이 맛에 그냥 운전해 지나가도 아깝지 않다.

　강변대로는 낙동강하굿둑을 서쪽에 두고 하굿둑 교차로를 지나 남쪽으로 이어진다. 여기서부터는 강물이 아니라 바닷물이다. 점점 더 넓은 물의 세계가 펼쳐진다. 낙동강 하구의 독특한 멋, 남쪽 바다와 어울린 물결의 움직임, 차창을 통해 눈앞에 펼쳐지는 멋진 모습은 어느 자연에 비겨도 손색이 없다. 자연이 주는 신비함에 마음이 요동친다.

맹금머리 전망데크에서

 강변대로가 을숙도 대교 아래를 지나면서 다대로로 이어진다. 낙동강을 끼고 남쪽으로 나아가는 길은 똑같은데 도로 이름만 바뀌었다. 그사이 바닷물은 점점 더 바닷물다운 모습을 드러낸다. 남쪽으로는 멀리 수평선이 살짝 보인다. 바다를 옆에 끼고 달리는 이 길이 오래도록 이어졌으면 좋겠다 싶다.

맹금머리 전망대에서 본 모래톱 모습

 그런데… 저게 뭐지?
 바다 가운데 뭔가가 살짝 떠 있는 것이 보인다. 모래톱 같다 싶어 눈을 크게 뜨고 여러 번을 반복해서 바라본다. 맞다! 바닷물 위로 모래톱이 머리를 내민 모습이다. 아슬아슬 물 위로 드러난 모래톱 섬에 갈대 숲이 우거져 있다.

야아, 희한한 모습이다! 이것은 도무지 그냥 지나칠 수 없다. 차량들이 질주하는 다대로이지만 길옆 어느 곳에 잠시 정차할 곳을 찾아야겠다. 이런 마음을 가진 사람들을 위한 배려일까? 곧바로 임시정차지역이 보이고 전망대[14]도 있다. 속도를 줄여 정차를 하고 내려서 바다 쪽을 바라본다. 자동차 안에서 아슬아슬 바라보며 느꼈던 숨죽인 긴장감도 한 몫을 더했는지 순간, '멋지다!' 하고 탄성이 터져 나온다. 탁 트인 자연이 주는 시원한 맛이 가슴을 뚫고 나가는 느낌이다.

중요한 것은 물 위로 내민 모래톱 모습이다. 참으로 신비스럽다. 바닷물 위로 살짝 고개를 들고 있는 모래톱은 물에 곧 잠길 듯 아슬아슬하게 버티고 있다. 드넓은 바다에서 헤엄치는 짐승 한 마리와 같다고 해야 할까? 겨우 얼굴만 내밀고 있는 모습이 언젠가는 힘이 부치면 물속으로 가라앉아 버릴까 애처로움을 자아낸다. 넘실대는 바닷물의 위협에 둘러싸인 느낌이다. 삼각주의 시작은 바로 저런 모습이다. 저렇게 물의 위협 속에 애처롭지만 살아남아 지금의 삼각주가 되었다. 보기엔 곧 없어질 것 같지만, 결코 쉽게 없어지지 않는다. 이미 새롭게 탄생한 공간, 모래톱 섬이기 때문이다.

저 애처로운 모래톱 이름은 맹금머리등이다. 이름이 특이하지만 생길 때 맹금류가 많았던 모양이다. 다른 모래톱은 어디 있을까? 이리저

---

[14] '고니 마루 쉼터'라고 이름 붙여 놓았다. 고니는 늘 볼 수 있는 것이 아니므로 생뚱맞은 이름같다. 눈앞에 있는 맹금머리 모래톱을 볼 수 있으므로 '맹금머리 전망대'라는 이름이 더 어울리겠다.

리 눈을 돌려 보니 다른 모래톱도 물 위에 아슬아슬하게 보이는데 어느 게 어느 건지 분간이 안 된다. 저기쯤 어디에는 백합등이 있어야 하는데… 라고 생각하면서 남쪽으로 펼쳐진 모래톱을 바라보지만 막상 모래톱은 하나로 쭈욱 이어져 있을 뿐이다.

정말 이상하다. 백합등, 그리고 도요등과 장자도는 어디 있는 거지? 저 모래톱이 바로 그것이다 싶지만, 맞다는 자신이 서지 않는다. 모래톱과 모래톱 사이는 상당히 거리가 떨어져 있는 것으로 아는데 여기서 보이는 모래톱은 거리 구분이 안 된다. 조금 더 가까이 있는 모래톱과 더 먼 곳에 있는 모래톱이 그냥 하나로 겹쳐져 보인다. 거리감 때문에 각각이 다르게 보여야 할 것들이 모두 똑같이 멀게만 느껴진다. 물 가운데 가물가물 보일 듯 말 듯 하면서 하나로 보일 뿐이다. 시력도 시력이겠지만 눈을 크게 뜨고 바라보아도 마찬가지다.

일반적으로 바다에서는 눈으로 거리와 위치를 가늠하기가 어렵다고 한다. 거리와 위치라는 것은 대개 어떤 것 옆에 무엇이 있다는 식의 상대적인 개념인데 바다에서는 그 상대적인 물체가 없으니 가늠할 수가 없는 것이다. 바다에서는 단지 방향을 정확히 파악하여 그 위치를 찾는다고 한다. 그래서 항해하는 데는 나침반이 중요하단다. 하지만 일반인에겐 익숙하지 않은 일이다.

모래톱을 보다가 더 먼 곳의 가덕도, 명지국제신도시 아파트, 을숙도대교를 바라본다. 이것들은 그 위치가 정확하고 또렷하게 확인된다. 그러나 바다 위에 떠 있는 모래톱은 도무지 위치 구분이 안 된다. 구분이 안 되는 이점이 오히려 신기하게 여겨진다.

위성지도로 본 모래톱-빨간점은 아미산전망대, 파란점은 맹금머리 전망데크(네이버 지도)

　　모래톱을 정확히 가늠해 보고 싶다. 죽 이어진 모래톱을 하나하나 구분하여 알아가고 싶다. 그렇다면 모래톱이 놓인 방향을 정확히 알아야 한다. 당장 휴대폰에서 위성지도를 찾는다. 전망대 부근이 현재 위치로 나타나면서 가까이 바닷물 위에 떠 있는 모래톱 모습을 볼 수 있다. 모래톱은 각자의 모양으로 독특하게 자리하고 있다. 그 사이사이로 강물이 흘러 바닷속으로 들어간다. 모래톱과 모래톱 사이는 갯벌인 것 같은데 어떻게 보니 그냥 또 다른 모래톱 같아 보인다. 이리저리 눈길 가는 대로 위성지도를 바라본다. 모래톱에 온통 마음을 빼앗긴 채 한참 동안 위성지도에서 눈을 떼지 못한다.

그러면서 위성지도에 나타나는 낙동강 하구의 모래톱 모습을 다음과 같이 정리하게 된다.

첫째, 낙동강 하구의 모래톱은 모두 8개다. 진우도, 대마등, 장자도, 신자도, 맹금머리등, 백합등, 나무싯등, 도요등이다. 8개 모래톱은 바닷물 위로 드러나 풀, 나무 같은 식생이 자라는 땅을 말한다.

둘째, 땅으로 드러난 모래톱 외에 바닷물 속의 모래 갯벌이 더 넓게 펼쳐져 있다. 바닷물 위로 모래톱이 드러난 부분과 바닷물 속 모래갯벌을 구분하기 어렵다. 지도에 적힌 모래톱 이름을 보고 그곳에 모래톱이 있겠구나 하고 추정할 뿐이다. 그만큼 바닷속 모래 갯벌이 잘 발달해 있기 때문이다. 썰물 때면 모래 갯벌이 물 위로 드러나 모래톱은 더 넓은 모습을 보일 것이다.

셋째, 위성지도에서는 물의 흐름이 또렷이 확인된다. 강에서 흘러온 물이 바다로 들어가는 것이 느껴진다. 물의 색깔이 짙은 곳은 주변보다 수심이 깊고 물의 흐름이 많은 곳이다. 반대로 물의 색깔이 옅은 곳은 수심이 얕고 흐름이 적을 것이다. 물의 흐름을 따라 모래톱이 만들어지고 그 모양새가 갖춰진다는 것을 알 수 있다.

넷째, 물의 색깔이 옅은 곳, 모래 갯벌이 많은 곳은 모래가 조금 더 쌓이면 모래톱으로 곧 드러날 것 같다. 이는 서로 가까운 모래톱을 연결하고 있는 모양새다. 그래서 맹금머리등, 백합등, 나무싯등, 도요등 4개는 거의 한 덩어리 같이 보이고, 신자도, 장자도, 대마등 3개도 한 덩어리로 보인다. 진우도만 따로다.

다섯째, 먼 바다에 접하고 있는 도요등, 신자도, 진우도는 현재 연안사주를 형성하고 있다. 그 바깥쪽(남쪽)으로는 어떤 상황인지 가늠할 수 없다. 진우도의 남쪽으로 새로운 연안사주가 등장할 가능성이 살짝 보인다.

이렇게 정리하고 나니 이제는 모래톱을 더 잘 구분할 수 있을 것 같다. 위성지도에서 서 있는 곳의 위치와 여러 모래톱의 방향을 정확히 확인한다. 그러면서 모래톱을 하나하나 구분하며 파악해 나간다.

먼저 서쪽으로 가까이 있는 것은 맹금머리등이고 그 너머로 보이는 것은 대마등이다. 명지국제신도시가 배경이 되어 보인다. 맹금머리 남쪽에 있는 백합등은 이곳에서 보면 남서쪽에 위치하고 있다. 하지만 어디부터 어디까지가 백합등인지 구분하기 어렵다. 맹금머리와 백합등 사이로 장자도가 보여야 하는데 가물가물 보이는 게 저것이다 단정하기는 어렵다. 같은 방향에 있는 도요등, 장자도는 모두 겹쳐 보인다. 그 언저리에 신자도가 같이 있다고 봐야 하고 진우도는 더 멀리 있는데 보이는 건지 아닌지도 잘 판단이 안 된다. 그래도 정남쪽으로 멀리 펼쳐져 있는 도요등은 분명하다. 이 정도 이상은 관찰이 안 된다. 아무리 위성지도를 보고 또 보아도 마찬가지다.

한참을 위성지도와 모래톱을 번갈아 보았기 때문일까? 눈앞에서 넘실대는 바다 너울에 울렁증이 일어난다. 모래톱이 곧 잠길 것 같은 느낌이 들다가 끝내는 내가 잠길 것 같이 어지럽다. 맹금머리 전망데크에서의 모래톱 감상은 이 정도에서 그쳐야 할 것 같다.

그러나 뭔가 다 보지 못한 아쉬운 느낌을 지울 수 없다. 모래톱 모습을 하나하나 확인하지 못했기 때문이다. 조금만 높은 곳에 올라가면 가능할 것 같다는 생각을 하는 순간, 모래톱 전망대인 아미산전망대가 떠오른다. 낙동강 모래톱 전체를 조망할 수 있는 곳이다. 그곳에서는 모래톱 하나하나를 구분해서 볼 수 있을 것이다. 어쩌면 위성지도로 본 모습과 같을지 모르겠다. 보고 싶은 마음이 치솟아 더 이상 지체할 이유가 없다. 자동차에 올라 아미산전망대를 향한다.

아미산전망대에서 모래톱을 감상하다

다대로를 따라 다시 남쪽으로 달린다. 서쪽으로는 여전히 바다를 끼면서 바닷물 속에 살포시 드러난 모래톱 등성이를 감상하는 맛은 계속된다. 한참을 달리던 다대로에서 아미산전망대를 알리는 안내판을 따라 좌회전한다. 아미산전망대는 해발 70m의 절벽 위에 만들어져 있다. 전망대를 오르는 길은 꼬불꼬불 경사진 곳이다. 절벽을 바로 오르지 못하기 때문에 한참을 돌아가게 되어 있다.

아미산전망대 주차장에 주차를 하고 차에서 나오니 전망대 건물 사이사이로 모래톱 삼각주가 살짝살짝 내려다보인다. 이내 이 멋진 경치에 마음이 흥분된다. 얼른 조망하기 좋은 곳으로 발걸음을 옮긴다. 데크로 만들어진 전망대에 서는 순간, 이런 멋진 곳이 있단 말인가! '최고다!'라는 탄성이 절로 터져 나온다.

쫘악 펼쳐진 바다. 그 바다에 모래톱이 두둥실 떠 있는 광경. 낙동강 삼각주 모래톱을 눈앞에 두고 있다. 흥분으로 가득한 마음을 안고 좌우

낙동강 하구 모래톱

로 눈 돌리기 급급하다. 바다가 있고, 산이 보이고 육지가 보이고 그 앞에 모래톱이 놓여있다. 지금 바로 모래톱이 만들어지고 있는 것 같다. 소위 땅이 살아있다고 하는 말이 실감 난다.

바다 건너 멀리는 거제도와 가덕도가 펼쳐져 있다. 가덕도에서부터 이곳 전망대까지 펼쳐진 바다는 육지에 둘러싸인 호수같이 한눈에 다 들어온다. 가덕도 가까운 곳에 부산신항 크레인이 어렴풋이 보이는가 하면, 그동안 밟아왔던 삼각주의 평지가 펼쳐져 있다. 녹산·신호공단, 명지국제신도시, 낙동강하굿둑, 그리고 가까이 신평·장림공단까지 다 보인다. 세상에 이렇게 가슴을 시원하게 하는 경치가 또 어디 있을까 싶다. 한참을 경치에 취해 서 있다. 시원한 바람도 한 몫을 한다. 정말 기분 좋은 곳이다.

경치도 경치지만 이곳 아미산전망대에 온 목적은 모래톱을 보는 것이다. 삼각주를 이곳저곳 들르는 내내 삼각주가 형성되어 가는 모습을 상상해 왔는데, 이제야 눈앞에서 그 모습을 온전히 바라보고 있다. 펼쳐진 모래톱은 삼각주가 바로 이렇게 만들어진다고 이야기해 주는 것 같다. 좀 자세히 모래톱을 살펴보자.

가장 가까이에 도요등이 크고 선명하게 드러나 있고 나무싯등과 백합등은 재밌는 모양을 하고 있다. 고개를 오른쪽으로 돌리니 삼각형의 맹금머리등까지 분명하게 다가온다. 그 다음으로 신자도, 장자도, 대마등도 하나하나 확인된다. 가장 멀리 있는 진우도조차 아스라이 그러나 정확히 보인다. 맹금머리 전망데크에서 구분되지 않았던 백합등, 장자도, 진우도가 또렷이 구분되고 낙동강 하구 모래톱 8개가 하나하나 확인된다. 바닷물 위로 내민 살구색 모래톱이 파란 바닷물 색깔과 구별되어 선명하고 또렷하게 보인다. 맹금머리 전망대에서 아쉬웠던 마음이 순식간에 날아간다. 속이 다 시원하다.

분명한 것은 위성지도로 보는 모습과 많이 다르다는 점이다. 눈에 보이는 세상은 위치나 크기가 원근감으로 인해 실제 모습과 매우 달라 보인다. 가까이 있는 도요등은 너무나 크고 선명하게 보이는데, 멀리 있는 진우도는 실눈을 뜨고 봐야 할 정도로 작게 보인다. 위성지도에서 보았던 모습과 눈앞에 보이는 실제 모습을 서로 연결시키는 것이 상당히 힘들다. 이를 이해하기 위해 한참을 서서 생각에 생각을 더하고 있다.

위성지도에서 또렷이 보였던 물의 흐름이 여기서는 파악이 안 된다. 강물이 어떻게 바다 속으로 흘러 들어가는지 전혀 감을 잡을 수 없다. 물의 색깔은 모두 비슷하고 물의 깊이가 느껴지지 않는다. 바닷물 위로 모래가 등을 내민 곳이 모래톱이고 물속에 잠겨 있는 것은 전부 바다일 뿐이다. 일부 매우 얕은 바다는 모래 갯벌이 물속으로 보이기도 하지만 전체적으로 물속은 얕든 깊든 모두가 바다다. 바닷물 위로 내민 모래톱만 더 도드라지고 또렷하게 눈에 들어온다. 썰물 때 모래 갯벌이 더 드러나면 훨씬 넓은 모래톱이 만들어질 것이다.

물의 흐름에 맡겨진 채 형성된 모래톱은 때로는 갈고리 같고, 때로는 이빨 같이 재미있는 모양을 하고 있다. 어느 것과도 닮지 않은 자연 모래톱의 천연스런 모습이다. 한참을 보고 있으니 '자연이 만든 자연스러움이 최고다'라는 말이 들리는듯하다. 어느 누구도 따라올 수 없는 아름다운 작품을 연출하고 있다.

썰물 때 더 넓어진 모래톱

손을 뻗으면 닿을 듯 저만치에 있다. 성큼 달려들어 저 위에 서 보고 싶다. 뛰어내리면 날아가 앉을 수 있을 것 같다. 뽀사시 내민 살구빛 모래톱은 여인의 살결인 양 우리를 유혹하는 것만 같다. 하늘의 조물주도 손을 내밀어 건드려 보고 싶겠다. 살짝 뭉개 보고 싶겠다. 이런 분위기에 서 있다. 이런 맛을 느끼고 있다. 천연을 품은 모래톱에서 자연이 주는 장엄함과 신비함을 만끽하고 있다.

어떻게 보니 모래톱은 꼭 어제 만들어진 것처럼 깨끗하고 깔끔하다. 아니 거꾸로 생각하니 내일이면 없어질 것 같이 연약해 보인다. 유난히 고요한 바다가 한번 심술을 부리면 그냥 사라질 것 같다. 그렇게 아슬아슬 바다 위에 떠 있다.

모래톱은 언제 만들어졌을까?

8개의 모래톱이 만들어진 시기는 언제일까? 다른 지형과는 달리 정말 최근에 이뤄진 만큼 뭔가 구체적인 자료가 있을 것 같다. 막연한 어느 시대 언제쯤이 아니라 구체적으로 생긴 연도를 알 수 있는 자료가 있지 않을까 싶다. 질문을 하고 보니 앞에서 보았던 '1918년 임시토지조사국편집제판'의 '마산' 지도(25쪽)가 생각난다. 이곳에는 어떻게 표현되어 있을까?

1918년 지도에서는 대부분 자연 상태의 낙동강 하구를 볼 수 있다. 인공이 가해지지 않은 낙동강의 흐름은 매우 자연스럽다. 신호도, 명호도는 섬의 형태로 나타나 있고, 을숙도 부근은 일정한 형태를 갖추지 못한 채 좀 혼란스럽다. 을숙도라는 지명도 보이지 않을뿐더러, 갯벌과 얕은 모래톱이 뒤섞여 있어 언제라도 그 모양이 달라질 것 같은 모습이다. 8개의 모래톱 중에선 대마등이 또렷이 표현되어 있고, 진우도, 장자도가 어렴풋이 있는 정도다. 이런 사실로 보아 진우도, 대마등, 장자도는 1918년 이전에 그 형체를 갖추고 있었던 것 같다. 나머지는 그 이후 만들어진 셈이다. 언제일까? 정확한 시점을 알 수 있을까?

따로 시간을 내어, 이와 관련한 연구자료를 바탕[15]으로 조사를 해

---

15) 8개의 모래톱 형성의 시기에 관해 참조한 자료는 다음과 같다.
　　오건환, 1999, 「낙동강 삼각주 말단의 지형 변화」, 『한국제4기학회지』, 제13권 제1호.
　　반용부, 2005, 「낙동강 하구에 발달한 연안사주 하구둑 건설 전·후의 지형 변화」, 『낙동강하구둑의 득과 실』.
　　김성환, 2005, 「하구둑 건설 이후 낙동강 하구역 삼각주 연안사주의 지형변화」, 『대한지리학회지』 제40권 제4호.

본 결과는 지도(246쪽)와 같다. 모래톱이 생긴 시기를 표시해 보니 예상했던 대로 진우도, 대마등, 장자도 3개는 1918년 이전에, 나머지 5개의 모래톱은 1918년 이후에 생겨나 지금에 이른 것으로 나타났다.

모래톱이 나타난 시기

생긴 연도를 염두해 두고 모래톱을 내려다본다. 눈앞에 떠 있는 8개의 모래톱이 불과 한 세기 안에 형성된 것이다. 한 세기라는 것은 사람의 시간으로 보면 짧은 것이 아니지만, 자연의 시간에선 순식간에 불과하다. 다른 어떤 곳보다 가장 최근에 형성된 땅이다. 새롭게 생겨난 역동성 넘치는 땅이다. 일면 연약해 보이는 게 사실이긴 하지만 자연으로

김성환, 2009, 「낙동강 삼각주 연안 사주섬 퇴적환경 연구」, 『한국지형학회지』 제16권 제4호.

서 겪어야 할 것을 충분히 겪고 만들어진 당당하고, 오롯한 자연의 작품이다.

지도 위에 8개의 모래톱이 생긴 연도를 적어 놓고 보니, 모래톱 발생 모습이 순차적으로 일어나지 않은 것이 이상하다. 질서 없이 이곳저곳 우후죽순으로 생겨난 것 같다. 분명히 낙동강에 의해 씻겨온 여러 물질이 바다를 만나면서 북에서부터 차근차근 하나씩 순서대로 모래톱이 형성되어야 할 것 같은데 실제는 들쑥날쑥이다. 왜 이럴까? 좀 더 세밀하게 관찰해보니 8개의 모래톱이 생겨나는 과정에 다음과 같은 이유가 있었다.

첫째, 8개의 모래톱 중 가장 이른 시기에 나타난 진우도, 대마등, 장자도가 생겨나던 시기는 낙동강이 자연 상태로 흐르고 있었다. 자연 상태의 낙동강 흐름은 서낙동강이 주 흐름이었다. 따라서 서낙동강 쪽이 낙동강 본류 쪽보다 모래톱을 더 왕성하게 만들고 있었고, 그 흐름을 따라 1904년 진우도와 대마등, 1916년 장자도가 탄생하였다. 이 시점에 낙동강 본류 쪽은 흐름이 약해 이들보다 더 상류에 있는 을숙도조차 윤곽을 제대로 갖추지 못하고 있었다.

둘째, 1930년대 낙동강공사가 있으면서 낙동강의 흐름은 큰 변화가 일어났다. 대저수문, 녹산수문이라는 인공의 시설물이 생기면서 서낙동강의 흐름은 막혀 버렸고, 주 흐름이 서낙동강에서 낙동강 본류 쪽으로 이동하였다. 이때부터 서낙동강 쪽에서는 모래톱이 발달하지 않게 된다. 대신 낙동강 본류 쪽의 모래톱이 활발하게 만들어진다. 을숙도가 구체적인 모습을 갖추게 되고,16) 이후 1955년 백합등, 1975년 신자도가 나타났다.

셋째, 1980년대 낙동강하굿둑이 건설되면서 낙동강의 흐름은 또 한 번 변화를 맞이했다. 낙동강 본류 쪽에서도 자연 상태의 흐름을 잃게 되었다. 특히 공사가 진행되는 중에 강바닥의 모래를 준설[17]하면서 기존의 갯벌과 모랫바닥에서 엄청난 변화가 일어났고, 그것이 강물의 흐름을 따라 다시 형성되는 과정에서 새로운 모래톱이 많이 생겨났다. 1986년 나무싯등, 1987년 맹금머리,[18] 1988년 도요등이 그것이다. 그 외에도 다대등, 홍티등 등의 크고 작은 모래톱이 더 있었지만 지금의 8개 모래톱에 재편되거나 합쳐지면서 사라졌다.

넷째, 낙동강하굿둑이 건설되고 난 후 현재까지 약 35년 넘는 동안 자연 상태의 흐름은 사라졌다. 수문과 하굿둑에 의해 인공적으로 조절되는 흐름만 있어 왔다. 그 때문이라고 단정하긴 어렵지만 더 이상 모래톱은 생겨나지 않았다. 이미 만들어진 8개의 모래톱의 크기가 대체로 더 커져 가고, 모래톱과 모래톱 사이의 갯골이 메워지거나 모래톱끼리 연결되는 형태로 변화해 왔다. 더 커다란 변화 없이 지금에 이르고 있는 셈이다.

---

[16] 을숙도는 남쪽으로 점점 발달하여 지금의 맹금머리등까지 길게 뻗어 있었다. 낙동강하굿둑 공사가 이뤄지면서 장림포구 어민들의 선박통행로를 확보하기 위해 길게 뻗었던 모래톱의 중간 부분을 잘라 물길을 내었다. 잘라낸 끝부분은 일부 준설을 하여 맹금머리등이 만들어졌다.

[17] 준설(浚渫)이란 수심을 깊게 하기 위해 물밑 바닥의 흙이나 모래를 파내는 일을 말한다.

[18] 맹금머리등은 원래 을숙도 남쪽으로 연결된 모래톱의 한 부분이었다. 낙동강하굿둑이 만들어지면서 을숙도와 분리하여 탄생하였다. 지금은 남쪽으로 더 커져 삼각형 모양의 모래톱을 이루고 있다.

결론적으로 8개의 모래톱이 질서 없이 이곳저곳에서 마구 생겨난 것처럼 보인 것은 낙동강의 흐름에 인공의 힘이 개입했기 때문이다. 자연의 힘으로 자연스럽게 생겨나지 못한 까닭이다. 낙동강공사, 하굿둑공사는 낙동강의 흐름을 일시에 뒤바꾸어 놓았고, 그 결과 모래톱도 인공에 의해 주어진 흐름에 따라 한때는 이곳에서, 또 한때는 저곳에서 생겨난 것이다.

눈으로 바라보는 8개의 모래톱은 최근 100여년에 걸쳐 만들어진 정말 자연스런 지형이지만 그 속을 보니 인공의 힘에 의해 변형된 모습임을 알겠다. 그럼에도 자연스런 모습을 유지하고 있다. 더할 수 없는 자연성을 품고 있다. 그것은 인공의 힘을 뛰어넘은 자연의 힘이 있었기 때문이다. 인공의 시설물이 가져다 준 변화를 뛰어넘고 품어버린 낙동강 하구 특유의 역동적인 힘이 있었기 때문이다.

모래톱은 어떻게 변해갈까?

신비로운 자연의 힘을 생각하며 다시금 모래톱을 내려다본다. 모래톱 이름을 확인하며 의미를 부여하듯 하나하나 짚어간다. 모래톱을 감싸고 있는 바다는 유난히 고요하다. 멀리서 보기 때문인지 부딪히고 깨어지는 파괴적 모습은 보이지 않는다. 특히 모래톱과 모래톱 사이사이 바다는 유리판을 깔아 놓은 듯 잔물결 하나 없어 보인다. 바다가 저렇게 평온할 수 있나 싶을 정도다. 모래톱 주위에 얕은 모래 갯벌이 잘 발달 되어 있어서 그럴 것이다. 생각 이상으로 바다가 깊지 않은 것이다.

이렇게 생각하자 앞에서 위성지도를 통해 보았던 모래톱끼리 뭉쳐지는 현상이 눈앞에 떠오른다. 8개의 모래톱이 제각각이 아니라 끼리끼리 뭉쳐서 큰 덩어리가 되어가고 있었다. 가까이 있는 도요등, 나무싯등, 백합등, 맹금머리등 모두 4개의 등이 거대한 한 덩어리로 되고 있었고, 신자도, 장자도, 대마등 3개의 등도 하나로 되어가고 있었다. 모래톱 사이 바다가 지극히 얕아 거의 연결된 모습을 하고 있었다. 하지만 이곳에서 보이는 실물로는 정확히 확인할 수 없다. 물골이 보이지 않고, 물의 흐름이 느껴지지 않아 물의 깊이를 가늠할 수가 없기 때문이다. 고요

도요등, 나무싯등, 백합등, 맹금머리등은 썰물 때 크게 하나의 모래톱을 이룬다.

하디 고요한 바다만 펼쳐져 있을 뿐이다.

썰물이 되면 유난히 고요해 보이는 모래톱 사이의 바다는 모래 갯벌을 드러낸다. 얕은 곳이 드러나면서 서로가 연결된다. 4개의 모래톱 맹금머리등, 백합등, 나무싯등, 도요등과 3개의 모래톱 신자도, 장자도, 대마등이 삼각형 모양으로 커다란 모래톱이 된다. 시간이 지나면 분명히 하나의 모래톱 덩어리가 될 것이다. 그렇게 삼각주는 발달해 간다.

그러면 앞으로 모래톱은 얼마나 더 발달해 갈까? 8개 모래톱이 점차 큰 덩어리 모래톱이 되고 삼각주로 발달해 가는 것 외에 또 다른 모래톱이 생겨날까? 지금은 도요등, 신자도, 진우도 3개의 모래톱이 바다 쪽의 방파제와 같이 연안사주를 형성하고 있어 바깥쪽으로 새로운 모래톱이 나타날 가능성은 보이지 않는다. 지난 35여 년 동안 그랬다. 위성지도에선 진우도 바깥으로 모래 갯벌이 약간 쌓인 모습을 살짝 볼 수 있었을 뿐이다. 그래도 바닷속은 어떠한지 정확히 알 수 없다. 어디가 깊으며 어디에 얼마나 모래가 쌓여 있는지 알 수 없다.

일반적인 연구에 의하면 서쪽으로는 가덕도 남쪽 끝, 동쪽으로는 몰운대의 남쪽 끝까지 삼각주가 발달해 갈 것이라고 한다. 그렇다면 지금은 보이지 않아도 현재의 연안사주 남쪽으로 이미 또 다른 모래톱이 생성되어 가고 있을 것이다. 도요등, 신자도, 진우도 남쪽으로 언젠가는 또 다른 모래톱이 드러날 것이다. 그리하여 낙동강 삼각주 범위도 더 커져 나갈 것이다. 오랜 시간에 걸쳐 만들어지는, 자연이 빚어가는 변화의 땅 삼각주는 계속해서 그 생명력을 이어 나갈 것이다. 앞으로도 그런 변화의 모습을 계속 지켜보고 싶다. 대자연의 변화를 두 눈으로 확인하고 싶다.

모래톱에 거는 바램

　가덕도신공항 건설이 예정되어 있다. 멀리 보이는 가덕도 부근의 바다가 중심이다. 공항의 활주로부터 각종 공항시설이 건설되기 위해선 주변 바다의 변화는 불가피하다. 모래톱으로 따지면 진우도 남쪽의 바다가 먼저 해당된다. 지금과는 또 다른 인공의 힘이 이곳을 잠식해 버릴 것이다. 게다가 공항으로 접속되는 각종 도로가 놓일 것인데 어쩌면 진우도 외 다른 모래톱조차 그냥 두지 않을 것 같다. 자연의 힘에 의해 빚어진 모래톱이 자연스럽게 남아 있기를 바라는 마음은 굴뚝같지만 코앞에 닥칠 인공의 힘을 생각하니 안타까움에 마음이 착잡해진다.
　그러나 지금의 모래톱이 자연 그대로의 힘으로 이뤄진 것이 아니라는 점에 주목한다. 녹산수문, 낙동강하굿둑이 들어선 후 물의 흐름이 달라졌고, 모래톱이 이뤄지는 모습도 달라졌다. 인공의 힘에 의해 변형되어 나타났다. 그럼에도 모래톱은 지극히 자연스럽다. '인공의 힘을 뛰어넘는 자연의 힘' 때문이다. 그 힘이 여전히 작용하고 있다. 가덕도신공항이라는 인공의 힘이 더해지더라도 마찬가지일 것이다. 수문, 하굿둑과는 또 다른 인공의 힘이라서, 어떤 변화를 예측하기가 어려운 형편이지만, 낙동강 하구 대자연의 힘은 늘 그래왔던 대로 모래톱을

가덕도 연대봉에서 본 모래톱 모습-가덕도신공항이 들어서면 이 앞바다가 어떻게 변할지 알 수 없다.

이뤄가는 일을 멈추지 않을 것이다.

그래서 이런 바람을 담아 본다. 할 수만 있다면 자연의 힘을 거스르지 않았으면 좋겠다. 개발을 마다할 수 있다면 제일 좋겠지만, 자연스런 모래톱을 그대로 유지할 수 있다면 더할 나위 없이 좋겠지만, 그럴 수 없다면 그 개발이 이곳 자연의 힘을 인정하고 배려하는 모습이었으면 좋겠다. 대자연이 만들어 놓은 모래톱과 잘 어울리는 모습이기를 기대한다. 다시는 하굿둑 건설과 같이 자연에 상처를 안기고 희생을 요구하는 일을 되풀이해선 안 된다. 지난 실수가 되풀이 되지 않도록 고민하고 연구하여 철저히 준비하는 것이 필요하겠다. 더 많은 비용을 치르고 더 많은 시간이 걸리더라도 그렇게 해야만 한다. 그것이 자연에 기대어 살아가는 자의 당연한 도리요, 자연과 어울려 살아가는 인간의 바람직한 모습이기 때문이다.

아미산 전망대에서 본 저녁 노을

　언젠가 해질녘에 이곳을 온 적이 있다. 모래톱과 함께 바다 건너 멀리 가덕도와 신항만 너머로 떨어지는 해를 바라보다 점점 노을빛에 물들어 가는 하늘 모습에 취했었다. 파랗던 하늘이 해넘이와 함께 점차 주홍색으로 물들어 갔다. 주변 하늘은 여전히 파란색이 남아 있는데 주홍색 노을이 퍼지면서 환상적인 모습을 연출하였다. 그 모습이 하늘 아래 바다와 모래톱에 그대로 투영되고 있었다. 거기에 지난날 셀 수 없이 날았던 철새들의 무리가 하늘을 휘젖는 상상까지 그려 넣는 순간 머릿속이 아찔해지는 현기증에 몸이 떨렸다. 감동이었다.

  그것이 끝이 아니었다. 날이 더 어두워지자 주홍색 노을은 점점 붉은 빛을 띠더니 하늘은 물론 바다 전체를 붉은색으로 물들여 놓았다. 노을빛에 휩싸인 모래톱은 아름다움에 휘감긴 모습 그 자체였다. 세상은 어두워져 점점 검게 되어갔지만 붉게 물든 하늘과 바다는 세상을 향해 '아름다움은 이런 것이다'라고 말하고 있었다. 하늘과 바다와 신비한 모래톱이 있는 곳에 노을이 더해지니 더 표현할 수 없는 아름다움이 뿜어져 나오고 있었다. 대저생태공원에서 본 노을과는 또 다른 장관이었다. 속으로 이 아름다운 그림을 '오래도록 또 오래도록 보고 또 보고 싶다'를 외치고 있었다.

변화의 땅, 낙동강 삼각주

1판 1쇄 · 2024년 9월 10일

지은이 · 허정백
펴낸이 · 서정원
펴낸곳 · 도서출판 전망
주   소 · 부산광역시 중구 해관로 55(중앙동3가) 우편번호 · 48931
전   화 · 051-466-2006
팩   스 · 051-441-4445
출판 등록 제1992-000005호
ⓒ 허정백 KOREA
값 22,000원

ISBN 978-89-7973-634-2
jmw441@hanmail.net

* 저자와의 협의에 의해 인지를 생략합니다.

* 이 책은 2024년 부산광역시, 부산문화재단 〈부산문화예술지원사업〉으로 지원을 받았습니다.